U0176249

智能化矿山建设开采技术应用

郝　强　张东飞　沈玉旭　著

吉林科学技术出版社

图书在版编目（CIP）数据

智能化矿山建设开采技术应用 / 郝强，张东飞，沈玉旭著. -- 长春：吉林科学技术出版社，2022.5
ISBN 978-7-5578-9316-3

Ⅰ. ①智… Ⅱ. ①郝… ②张… ③沈… Ⅲ. ①智能技术－应用－矿山建设－研究②智能技术－应用－矿山开采－研究 Ⅳ. ① TD2-39 ② TD8-39

中国版本图书馆 CIP 数据核字 (2022) 第 072950 号

智能化矿山建设开采技术应用

著　郝　强　张东飞　沈玉旭
出版人　宛　霞
责任编辑　李玉铃
封面设计　徐逍逍
制　版　徐逍逍
幅面尺寸　170mm × 240mm　1/16
字　数　130 千字
页　数　122
印　张　7.75
印　数　1-1500 册
版　次　2022 年 5 月第 1 版
印　次　2023 年 3 月第 1 次印刷

出　版　吉林科学技术出版社
发　行　吉林科学技术出版社
地　址　长春市净月区福祉大路 5788 号
邮　编　130118
发行部电话 / 传真　0431-81629529　81629530　81629531
81629532　81629533　81629534
储运部电话　0431-86059116
编辑部电话　0431-81629518
印　刷　三河市嵩川印刷有限公司

书　号　ISBN 978-7-5578-9316-3
定　价　48.00 元

版权所有　翻印必究　举报电话：0431-81629508

前　言 *Preface*

智能采矿是矿山技术变革、技术创新的一种必然。经过不断研究与探索，矿业发达国家在智能采矿领域已经取得了丰硕成果，并广泛应用。近年来，我国对智能矿山技术的研究与应用也非常重视，在政策、资金等方面给予了大力支持。矿山的智能化应用体现在多个领域，包含地质、采矿、选矿、管理、决策等，智能化手段可以极大地提高矿山生产效率，保障矿山安全生产，减少生命和财产损失，从而实现我国矿业的安全、高效、经济、绿色与可持续发展。

固体矿物的开采方式分为露天开采和地下开采。现代露天开采是工业革命后伴随着炸药和现代装运设备的发明而迅速发展起来的。自 20 世纪 50 年代起，随着大型凿岩及装运设备的研发和应用，露天采矿技术得到了迅猛发展，露天采矿的规模和效率也得到了空前提高。

本书首先介绍了智能化矿山建设与采矿工艺的基本知识，然后详细阐述了露天开采与空场采矿法等，以适应智能化矿山建设开采技术应用的发展现状和趋势。

由于时间仓促，加之作者水平所限，不足之处在所难免，欢迎各位读者提出宝贵意见，在此表示感谢！

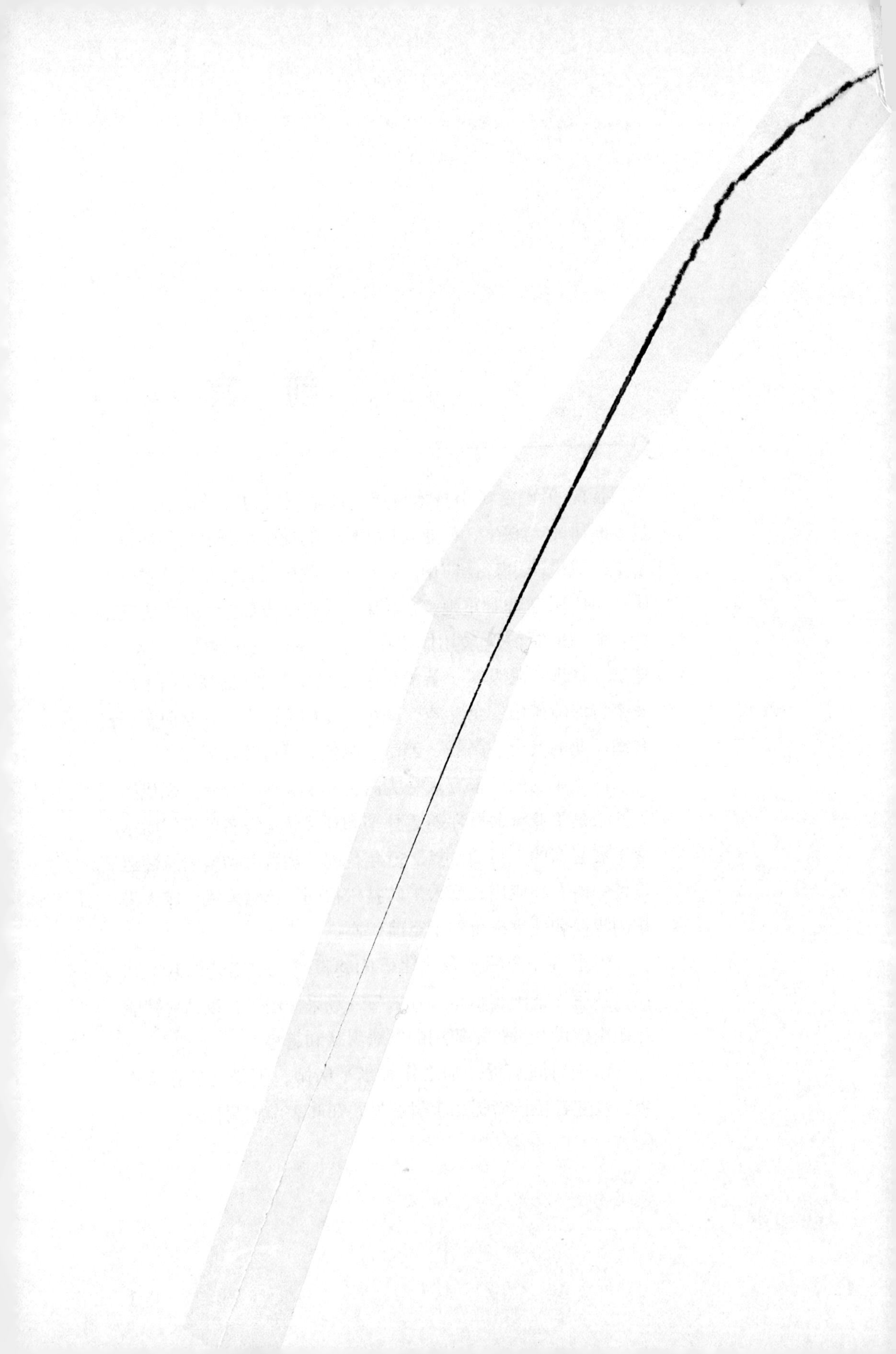

目 录

Contents

1

第一章 智能化矿山建设概述

第一节　智能矿山的发展

一、智能矿山概述

信息技术的突飞猛进、矿产资源的持续消耗以及开采条件的逐渐恶化，正在推动着采矿业不断采用高新技术来改造传统工艺和发展新型工艺。智能矿山作为一种发展中的概念，对其具体内涵的界定尚无广泛共识，缺少普遍适用性和精确性。可以认为，智能矿山正在经历一个伴随着自动化、数字化和智能化技术的发展和演化过程。截至目前，矿山生产模式大致经历了以下四个阶段。

一是原始阶段，主要通过手工和简单挖掘工具进行矿产采掘活动，无规划，低效率，资源浪费极大。

二是机械化阶段，大量采用机械设备完成自动化生产任务，机械化程度较高，但仍无规划，生产较粗放，资源浪费比较严重。

三是数字矿山阶段，采用自动化生产设备进行作业生产，采用信息化系统作为经营管理工具，实现数字化整合、数据共享，但仍面临系统集成、信息融合等问题，并且核心目标仍着眼于扩大开采量，对绿色矿山、人文关怀、可持续发展等方面不够重视。

四是智能矿山阶段，以智能制造为指引，通过信息技术的全面集成应用，使矿山具有人类般的思考、反应和行动能力，实现物物、物人、人人的信息集成与智能响应，主动感知、分析，并快速做出正确处理。

矿业在为经济社会可持续发展和人类生活水平不断改善而提供物质财富及生产资料的过程中，积极引入和发展高新技术，大力提升生产力水平，高效开发利用矿产资源，全面保障生产安全及职业健康，努力实现零环境影响，已经成为矿山企业的奋斗目标。与科技发展相融合，矿业引入了一种全新理念，即构建一种新的无人采矿模式，实现资源与开采环境数字化、技术装备智能化、生产过程控制可视化、信息传输网络化、生产管理与决策科学化。在此目标的实现过程中，智能矿山已经成为矿业科技和矿山管理工作者的美好憧憬，人们希冀未来的采矿设备能够在井下安全场所或地面进行遥控，乃至全面采用无人驾驭的智能设备进行井下开采，使采矿无人化，逐步实现智能矿山。

虽然智能矿山是一个新兴概念，但是其发展却是建立在矿山自动化、信息化、数字化所取得成果的基础上，所以讨论智能矿山，必须与自动化矿山、信息化矿山、数字化矿山等概念结合起来进行。中国智能矿山的发展历程大致可分为以下三个阶段。

一是单机自动化阶段，该阶段的典型特征为：分类传感技术和二维 GIS 平台得到应用、单机传输通道得以形成，实现了可编程控制、远程集控运行、报警与闭锁。

二是综合自动化阶段。该阶段的典型特征为：综合集成平台与 3D-GIS 数字平台得到应用、高速网络通道形成，实现了初级数据处理、初级系统联动、信息综合发布。

三是局部智慧体阶段，这是当前中国矿山所处的阶段，该阶段的典型特征为：BIM、大数据、云计算技术得到应用，实现了局部闭环运行、多个系统联动及专业决策。

二、矿山及其智能化的必要认知

矿业泛指从地球特别是地壳中提取具有经济价值的矿产资源的产业。从产业范畴看，矿业涉及冶金、有色、黄金、煤炭、油气、核原料、化工、建材等相关部门。从生产过程看，矿业包括矿产资源的地质勘查、设计建设、矿床开采、矿物加工等工艺环节。矿山是指有一定开采境界的采掘矿石的独立生产经营单位，可以是企业法人，也可以是企业所属生产单位/车间。矿山一般包括若干个坑口、矿井、露天采场、选矿厂及其他辅助生产单元。

无论是矿业还是矿山，其发展与扩大矿产资源的开发利用，对客观世界和经济社会的发展与进步都产生了巨大的、无可替代的促进作用。不同于其他产业，矿山企业具有以下特征。

（1）资源特征：矿山是以自然资源开发利用为对象的生产企业。赋存于地壳浅层中的矿产资源，不仅其所赋存的地质环境非常复杂，而且其空间位置、形态、有用元素品位分布等极富变化。人们对资源的认识程度会随着开采的不断进行而逐步深入。随着市场价格和开采技术条件的变化，矿体的边界也会随之变化，并需及时进行变更和修正。

（2）动态特征：由于工作场地多、工序复杂，矿山生产要素具有动态特征，即除少部分人员设备和工作的位置固定以外，大多数人员和设备的工作位置在生产过程中不断变更。

（3）工艺离散：与加工企业的工艺流程相比，矿山企业的生产工艺具有离散（即工艺不连续）和分散（即作业场所多）的特点，各工序之间的协调运行是确保矿山高效、安全生产的基础。

（4）环境恶劣：矿山生存环境恶劣、作业空间狭小，与露天开采相比，地下矿山的电磁屏蔽性强、噪声大，正常通信难以实现，生产指挥困难。

（5）信息复杂：不仅生产系统内部存在大量的多源、异质信息流动，而且系统内部与外部环境之间，如电力、设备供应、矿产品需求市场等，均存在着信息的交换和流动。随着我国经济的飞速发展，矿业支撑着我国成为世界第二大经济体的可持续发展，成绩斐然。然而近年来，由于国际经济提振乏力、国内经济增速放缓、企业内涵发展不足、伦敦金属交易所价格持续下跌等因素，给我国的金属矿业发展带来了巨大冲击。此外，矿床开采带来的生态环境恶化，尚未得到根本好转，安全事故频发。更为突出的是，我国正面临日益复杂的深井开采问题。深井开采将遇到高地应力集中诱发的岩爆、高温热害、竖井提升、通风、排水、支护、充填工艺环节等一系列的技术难题，矿业发展正是朝着克服这些困境的方向在迈进，深部开采、绿色开发和智能采矿，已成为我国矿业发展的三大主题。

信息化则成为衡量一个行业、一个企业的先进程度和文明程度的重要标志，矿业信息化的发展，必然驱使矿业走向智能采矿。

计算机、大型无轨设备、通信技术、网络技术、软件技术等研究成果进入矿业领域，使矿山生产方式发生了显著变化，现代高新技术便一直在引领和推动着矿业发展。大数据、互联网、遥感探测等新技术与矿业不断交叉融合，为矿业发展带来日益强劲的新动能。新时代背景下，智能化是彻底解决矿山安全隐患、提高效率、节约能耗、降低成本、提升企业竞争能力的关键，成为矿业发展的必由之路，也是提高矿企核心竞争力、实现可持续发展的必然选择，是矿业发展的方向。在我国，一批具有远见卓识的企业，已把信息化列为矿山的基础设施工程，并取得了突出成绩，初步建成了集多功能于一体的矿山综合信息平台。

随着微电子技术和卫星通信技术的飞速发展，采矿设备的自动化和智能化的进程明显加快，无人驾驶的程式化控制和集中控制的采矿设备正进入工业应用阶段，为无人采矿的变革提供了重要的技术条件。在矿床开采中，以开采环境数字化、采掘装备智能化、生产过程遥控化、信息传输网络化和经营管理信息化为基本内涵，以安全、高效、经济、环保为目标的集约化、规模化的采矿工程，构成了智能化采矿的核心内容。

三、自动化采矿的现状及发展

随着我国经济的逐渐发展及科学技术水平的逐渐提高，各行各业自动化水平提高得很快，而作为一个对传统能源需求巨大的国家，提高采矿行业的自动化水平就显得尤为重要。采矿自动化不仅能提高采矿行业的工作效率，也能有效避免采矿过程中发生安全事故对人身的伤害。

自动化或许已成为机械行业目前正大力发展的主要方向，而对于矿产行业，其采矿自动化发展则显得尤为重要和紧迫，因为这样不仅能有效地提高工作效率，降低生产成本，而且也能有效地降低不安全事故的发生，以及真正实现绿色生产。

（一）采矿自动化发展的现状

采矿机械设备直接影响到我国矿产资源的开发及利用，采矿机械的先进性和现代化，在某种程度上反映了国家的工业化水平，也衡量了矿产能源科学开采和高效利用的水平，对国民经济的发展起着相当重要的作用。近几年，虽然我国正处于结构性改革的重要节点，但是作为一个制造业大国来说，我国对煤矿、金属矿及非金属矿等资源的需求依旧很大，从而促使矿产企业加大对于采矿自动化方向的投资力度，这样既提高了企业生产的工作效率，也能有效利用自动化生产实现绿色发展，进而促使了我国采矿自动化行业得到快速发展。但是相比于国际领先的采矿自动化水平来说，我国的采矿自动化水平依旧显得落后，信息化水平依旧不高，究其原因，主要有以下几个因素：

（1）由于采矿自动化水平的研究和设备的更新换代将会花费企业巨额的资金，但矿产行业正处于国家去产能的重要关口，矿产企业发展举步维艰，此时现金流对于矿产企业来说相当重要，所以企业不敢花费巨额资金来加大对于采矿自动化方向的投入。

（2）企业没有完善的规章制度来显示采矿自动化的重要性，从而企业或矿场会因为短期的经济效应中断对于采矿自动化的投入，导致采矿自动化生产缺乏一个科学、有效的运行网络。

（3）矿产企业员工自身素质参差不齐，受教育程度有高有低，从而导致自动化实现难度极大，进一步也导致自动化生产的搁置。

（二）采矿自动化未来发展趋势

自动化是未来机械行业发展的主导方向，而自动化又是控件理论和信息科学相融合的交叉学科，随着互联网技术、信息技术、传感器技术的高速发展，自动化终将会成为一个综合性最强、科技含量最高的重要学科。虽然我国和发达国家相比，在采矿自动化方向还存在不小的差距，但是根据我国该领域的发展速度来看，我国的自动化将在未来几年得到飞速发展及质的提高。针对我国对于传统行业去产能、降污染的政策来看，我国的采矿自动化发展将分别在技术层面以及政策领域朝着以下两个方向发展：

（1）从技术层面来看：我国采矿自动化将会朝着智能化、网络化、集成化方向发展，这样采矿设备的运行将会直接由矿场的中央集成系统直接统一控制，做到统一规划，有效调度，从而极大地提高工作效率，降低人力成本，减少人员安全事故。

（2）从政策领域来看：我国采矿自动化将会朝着绿色、低耗能方向发展，在自动化设备的研制中将会尽可能地考虑到设备的能耗、采矿过程将会对于环境的伤害程度，从而做到真正的高效、清洁、无污染的开采。

四、数字矿山的建设

矿山企业属于典型流程性生产加工企业，矿山企业的信息化建设经历了生产管理、企业资源规划等不同的建设热潮，逐渐进入了理性建设阶段。随着矿山企业生产规模的扩大和现代信息技术的发展，对矿山企业的生产管理进行数字化改革成为提高矿山企业自动化、现代化水平的重要途径。然而，在当前的矿山企业中，能够真正做好整体规划，有步骤、有计划地推进企业现代化、信息化建设，利用信息化手段将企业做大、做强的案例却并不多，很多企业在信息化建设中存在很大的困难，很多问题亟待解决。

数字矿山系统就是以数据中心为连接载体的先进的高效信息化系统，通过数字化的手段对矿山所有信息的自动化采集、高速网络化传输、规范化集成、可视化展现、自动化运行和智能化决策。

（一）数字化生产管理系统

矿山数字化生产管理系统由生产调度模拟系统、生产信息处理系统、数字视频监控系统和决策支持系统四个统一建于矿山局域网的部分构成。

1. 生产调度模拟系统

生产调度模拟系统的主要工作是将矿山设备的工作信息（如工作参数、运行状态、工作量、工作时间等）通过特殊的信号采集终端将收集的信息传递到监控室，显示到监控屏幕上，使调度人员能够及时了解整个矿山的生产设备的运行状况，掌握各个子系统的工作数据，调度矿山生产。

2. 生产信息处理系统

生产信息处理系统能够依据矿山管理的现状和信息化的要求，结合现代企业管理制度对矿山的管理流程、管理业务进行改进和重构，开发和建设相对应的业务处理流程，实现生产调度和生产计划的计算机化。

3. 数字视频监控系统

数字视频监控系统能够通过安装在关键部位的摄像装置监控设备的运行和人员的活动，并将视频信号通过电缆传递到总调度室，显示到屏幕上，还可以通过视频服务器实现视频信号的数字化，进行备份存储并发布到局域网上，供相关有权限的人员查看。

4. 决策支持系统

决策支持系统是数字化生产管理系统的核心所在，该系统能够通过建立分析模型把生产调度模拟系统、生产信息处理系统和数字视频监控系统汇总起来，相关技术人员通过设置访问权限来满足各层对所要查询的信息的需要，辅助决策。

管理信息网是矿山企业的重要基础网络，数字视频监控网络与生产调度模拟网络均集成在该平台上，从而实现决策支持、信息查询和管控一体化。

5. 数字化生产管理系统结构

对矿山企业数字化生产管理系统来说，单一的体系架构很难实现整个系统的扩展性、维护性和灵活性，因此，采用客户端—服务器模式与浏览器—服务器模式相结合是较为理想的架构模式。客户端—服务器模式技术较为成熟，能较好地平衡网络负荷，使应用程序在稳定的网络环境中达到较高的性能。在浏览器—服务器模式下，用户通过浏览器就可访问图像、文本、声音、剪辑、数据库和视频信息，尤其适合非专业人士使用，用户无须使用插件和动态链接库即可登录服务器，应用程序的升级也只需升级服务器。因此，在生产信息处理和生产调度模拟可使用客户端—服务器与浏览器—服务器相结合的模式，而决策支持系统则使用浏览器—服务器模式。

（二）矿山信息系统集成

1. 统一规划和分步实施

调查表明，目前许多运行的矿山在开发时没有经过科学有效的构思和详细规划，没有深入研究如何将信息技术与企业目标、业务工作结合起来，这是产生“信息孤岛”的主要原因之一。因此，在考虑矿山信息系统集成时，必须进行统一规划和构思，采用全局的观点识别企业目标和关键成功因素，研究关键信息流，划分业务域，构思全企业范围的 MIS 运用与集成问题，形成全企业的信息集成模型和规范，达到消除“信息孤岛”，实现信息共享。在统一规划下，分步实施信息系统的开发。矿山集成化 MIS 的建设必须采取自顶向下规划设计与自底向上实现相结合的方案。

2. 理顺矿山的数据流

信息化建设是对企业管理水平进行量化的过程，企业的管理水平是信息化的基础。管理是一种思路，这种思路可以用数字来表示，当这些数字形成数据流时，也就表示了这一管理思想的过程，理顺了数据流等于理顺了管理。矿山信息化就是将信息技术的手段运用于企业管理中，在这个过程中将最终实现对业务流程、物流、财务、成本核算及供应链管理等各个环节的科学管理。因此要明确部门间哪些数据需要共享，哪些数据要上报企业领导，哪些部门需要获取外部的知识或信息，企业的哪些数据需要对外发布和宣传，哪些数据需要保密，子公司要与总公司交换哪些数据等。

3. 加强矿山信息标准化建设

信息的交换、集中要基于标准的代码体系，数据的综合分析、决策应用是基于统一的指标体系之上的。只有建立和制定企业统一的基础代码、统计指标标准，企业内数据交换、集中和分析才可以顺利实行。通过基础性数据的建设，使得企业数据具有统一的标准，达到指标规范、口径一致、数据字典标准指标解释统一，最终促进和实现信息互动、管理集成，促进和规范企业乃至整个矿业系统的信息标准化建设。

4. 以数据为中心的系统集成

数据集成是信息系统集成的基础。如果把分析信息系统集成问题的着眼点放在信息流上，通过信息流将企业各部门的主要功能连接起来，而不是根据现有部门的功能来考虑信息系统的集成问题，就可以建立起既有稳定性又有灵活性的全企业集成化的信息系统模型。这就是以数据为中心的系统集成的思路。

（1）建立主题数据库。主题数据库是根据矿山业务主题建库的，而不是按业务报表原样建库的。主题数据库要求信息源具有唯一性，即所有源信息一次一处地进入系统。主题数据库结构的稳定性是由“基本表”作技术保证的，这些基本表具有原子性（表中的数据项是数据元素）、规范性（表中的数据结构按企业规范定义）和演绎性（表中的数据能生成全部输出数据）。通过主题数据库的建设，在不同的生产经营层次上保证信息源的就地采集、储存和使用，进而进行网络化传输，使不同层次的同构数据库同步（或允许的时延）更新，以支持不同层次、不同部门的管理工作，为矿山高层管理者提供决策支持打下基础。

（2）建立矿山数据仓库。矿山数据仓库是将来自各部门、各系统及异地数据源的数据加工后在数据中储存、提取和维护，把分散的、难于访问的营运数据转化为集中统一、随时可用的信息，形成一个面向主题的、集成的、稳定的、不同时期的数据集合，同时提高访问和处理数据信息的速度与效率，用以支持矿山生产经营管理中的决策过程。通过数据仓库的建设，形成矿山企业内的数据中心，将企业内的数据有机地关联起来，实现数据归口管理、双向流动，有效地解决企业各管理层之间、各业务部门之间、各系统之间数据独立和相互隔离的问题，实现信息共享。通过矿山数据仓库的建立，实现矿山企业生产、维修、备件和材料管理、销售、管理数据和外部市场数据的集成，使企业决策者能够全面、及时、准确地掌握企业的发展动向和市场需求，有效地对企业进行调控，使企业更加适应市场的需求，在市场竞争中更具竞争力。

矿山生产管理系统的数字化是矿山企业发展的必由之路，只有选择基础条件好、有一定经济技术实力的地下开掘矿山，构建以生产调度模拟系统、生产信息处理系统、数字视频监控系统和决策支持系统为中心的数字化生产管理系统，才能提高矿山的自动化水平，实现自动化和实时化的结合，实现安全生产。

五、智能矿山的技术发展

当前我国大力倡导的信息化技术与智能化技术以及人工技术相结合的工业技术，能够有效地在根本上解决矿山高效率开采所遇到的各种阻碍，这也是发展智能化矿山的主体方向。我国的矿山开采技术、设备经过长时间的发展，已经从依赖进口变成自主创新。通过使用智能化开采技术，已经将以往的开采技术与设备的操作水平提升了几个档次，同时还基本实现了全部国产，利用国产技术与设备也更好地实现了在薄与极薄层开采、大采高与超大采高及超厚煤层的综合开采，促进我国的智能化开采技术水平得到进一步的提高，并且为进一步完成智能化矿山建设与智能化开采奠定了良好基础。根据以智能化开采为中心，提升矿山开采效率的同时，将智能、安全、高效带入矿山开采中，来实现现代化矿山生产体系的完善构建。

智能化矿山建设是一个由多个技术革新阶段组合，多阶段技术体系相继得到完善的过程。建设智能化矿山，将有效提升矿山生产、经营和管理决策水平，在发展更加高效矿石采选工艺的基础上，加强对智能化开采技术的研究，不断创新矿山开采施工工艺，有效管理矿山智能化开采技术装备，促进矿山开采工程的长远发展，获得更多的经济效益。

智能化矿山是从生产、安全、经营等方面全方位地对整个矿山的正常运转进行管控。所谓管控，即管理与控制的意思，是从管理学、系统工程、控制理论等角度进行研究并加以界定的，是企业管理的具体体现。智能管控则是随着科技的发展加入了人工智能的概念，利用计算与通信技术、软件工程与信息工程等多学科、多技术相互结合、相互渗透来提高企业管控的智能水平，是现代企业管理科学技术发展的新动向。随着我国众多矿山企业智能化矿山建设的推进，目前在网络通信建设、生产过程管控、无人驾驶等方面取得了进展，但是也不可避免地认识到同世界先进的矿业国家的差距，还有很多等待解决的问题：矿山设备自动化程度不高且感知范围不全面，矿山设备包括采、运、排过程中所有涉及的生产设备和辅助设备，目前未能对所有设备的参数监控、生产过程监控、维修周期监控进行全面覆盖。基础建设未有全局规划、整体信息化水平不均衡。目前，矿山整体缺乏完善的信息化建设全局规划，已经开发的信息化系统仅仅从局部解决个性问题，却又缺少专业的维护，多个系统间均独立运行，无法进行数据共享，导致矿山未形成有效的管控体系。矿山未形成统一的综合管控平台，生产过程中各环节的信息缺乏统一整合，数据结构和数据存储无统一格式，重复度高，同时在数据挖掘层面的分析较少，缺乏整体指标性、规律性的研究。

第二节　从数字矿山到智能矿山

一、数字矿山涉及的关键技术

随着计算机技术、微电子技术、信息技术和网络技术的快速发展，“数字化矿山”也悄然出现在人们眼前。数字化矿山即“虚拟矿山”，它是将现实矿山中与空间位置直接有关的相关固定的信息数字化，然后进一步嵌入矿山开发与运行相关信息，组成一个意义广泛的多维数字化矿山，最后在前两步基础上，结合现代计算机控制技术、自动控制技术、管理决策技术等对整个矿山的开发与运行进行科学的预测、计划、规划、组织、检测和控制。数字化矿山建设顺应了时代的潮流，应用了科学技术来为矿山服务。数字化矿山建设使得矿山设计、生产管理等都在数字化状态下运行，为安全生产和决策管理提供先进的科学手段。数字化矿山建设是提高安全生产效率，降低生产成本，提升竞争力和管理水平的有效途径。同时，数字化矿山建设是一个复杂的系统过程，需要在建设过程中进行摸索，寻求发展。

（一）矿山物联网技术

煤矿物联网涉及掘进机、采煤机、刮板输送机、液压支架、液压泵站、转载机、破碎机、带式输送机、提升机、电机车、胶轮车、通风机、水泵、压风机、移动变电站、电气开关、变压器、监控、通信等大量的机电设备生产、运输、仓储、使用、维护等全过程的监管。建设感知矿山信息集成交换平台，将安全生产、人员、设备、管理信息等复杂异构信息在一个统一数据平台存储，建立设备之间关联关系，实现了多传感器信息、多系统之间在时间与空间上的识别、接入与联动。

（二）数据传输网络平台

无线自主网络技术不需要固定设备，可以利用节点实现数据自动传输，这个技术的应用突破了地理空间上的缺陷，工作人员能够快速得到矿山信息，成本低，安全性高。数据传输网络平台在运行中，所有传感器节点初始化，在工作面布置完成后，传感器采集周边信息，并将数据自动封装。各节点将封装好的数据包传输、信息汇总，然后数据包分组、重新组合，上传到服务区。在实际应用中，传感器节点的部署、能源、通信信道都需要重点考虑。传感器部署问题至关重要，当前国内在产品部署节点方面，已经有了较为成熟的理论，如区域网格划分、分支部署等。考虑到煤矿井下施工，没有分布规律，在布置中根据测量信息与功能的不同，将节点划分为不同簇，每个簇之间相互不干扰。其中一个节点出现故障，其他节点可以承担数据收集任务。在节点能量消耗方面，可以采用基于多点中继的能量有效广播算法，优先选择效率高的结点。

（三）三维可视化和多媒体技术

数字化矿山三维可视化综合管理平台为矿井提供综合信息，主要应用技术包括3D-GIS技术、360度全景技术和一体化融合技术。不仅能够真实再现矿山地形地貌，也能够实现信息跟踪。三维可视化远程监控平台设计主要对安全生产进行三维重现，能够实现矿区地理信息三维可视化、信息采集、生产实际工况等，并且能够与井下人员进行视频互动。多媒体技术是指利用计算机对文本、声音、图像等进行综合处理，建立逻辑关系与人机交互。多媒体技术可以模拟地层环境、开采对矿山的影响，能够解决生产检测和诊断中的不足，也能够提高突发事件的监控和预报能力。

（四）智能移动技术

将移动通信技术、移动智能终端应用技术与原有信息化系统相结合，实现智能手机及平板电脑上的移动设备管理、移动应用管理和移动内容管理，有效地解决了矿井移动智能终端的安全、应用管理、统一配置、文档分发等问题。通过调用移动监控服务系统提供的数据服务，提供了安全监测监控、安全隐患、预警报警、视频监控、报表管理、人员定位与调度、通知与学习等业务应用，实现了对矿井“安、产、运、销”等各环节信息的实时掌握。

二、智能化矿山的技术途径

（一）智能化开采——强化应用现代采矿技术

1. 大型深凹露天矿安全高效开采技术

大型深凹露天矿安全高效开采技术技术全面实现了对于生产调度信息化管理以及保障边坡稳定性方面的分析，并创新应用了将三维极限平衡分析和三维数值模拟结合起来的方式，优化开展了对于露天边坡稳定性的探究工作，以便于提高露天矿山边坡设计的有效性。在应用该技术的过程中，工作人员需要在GPS定位的基础上对相应的生产调动管理平台和系统进行开发，这样便能够实时动态地实现对于人员和设备生产过程的合理跟踪、定位以及优化调度，进而达到全过程控制生产系统的效果，最大限度地提升其运行和生产效率。

2. 岩石加固技术

露天矿山边坡存在一定的不稳定性，而岩石加固技术的应用能够有效避免采矿工作中所面临的各种隐患，并助力采矿业整体的持续平稳发展。从当前我国矿山采矿作业的实际情况来看，其在实际实施的过程中往往面临着诸多局限性，威胁着露天采矿的安全性和稳定性，但若是能够合理应用岩石加固技术，便可以减少这些问题对采矿问题所造成的负面影响。岩石加固技术的应用主要包括两种方法，分别为矿物填充法和空地法，其具体是通过对于当下先进技术的应用为采矿业的发展提供良好的技术条件，与此同时，优质的结构环境还能够为矿山工程的整体发展提供保障。在实际应用石材加固技术的过程中，能够有效实现对于环境的改善，并助力机械设备的安全平稳运行，高效缓解当下采矿过程中所面临的众多局限性。对于我国经济发展来说，采矿业是比较关键的组成之一，而先进技术的应用可以提升其采矿业的智能化水平，最终实现其经济效益的增加。

3. 采矿装备的智能化升级

在以往露天矿山采矿中所使用的装备都比较传统和陈旧，而在当前科学技术进一步发展的时代背景下，采矿和设备也应当进行智能化升级并朝着大型化的方向发展，特别是对于那些不存在作业空间条件限制的采矿设备来说，其现如今已经在我国多个露天矿山开采中得到了应用，并且在种类方面有着多样化的特点。露天采矿装备的迅速更新和升级也在极大程度上促进了当下我国在露天采矿方面所使用的工艺和方式的发展，并加速了采矿技术的创新进程。未来露天采矿的发展应当强化对于大型装备的应用，这主要是因为大型装备可以为矿产资源的大规模开展提供良好的条件，同时还能够在原有的基础上助力采矿企业经济效益的进一步提升。

（二）智能化建设——合理应用智能化技术

1. 搭建多源传感器体系

多源传感器体系是露天矿山智能化建设中比较关键的技术之一，这主要是因为，在实际运行生产系统时，合理应用传感技术能够帮助工作人员更为高效地感知控制层的信息。在传感器方面，工作人员可以从其使用属性出发对其进行划分，而其中还涉及多个类型，分别为运维参数、环境参数、设备参数以及人员参数等。对人员参数类传感器进行合理应用，能够在生产定位、测距以及通信等方面起到一定的辅助作用。设备参数类传感器的应用则能够帮助工作人员获取各种类型的设备信息。与此同时，若是灵活使用环境参数类传感器，则可以更为高效地获得温度、地应力、浓度以及湿度等参数。运维参数类传感器的应用价值则体现在其对于信号稳定性以及可靠性的把控和判定上。工作人员在搭建多元传感器体系时，需要同当下传感器的实际类型相互结合，加强对于布设工作的重视，确保其布设的科学性以及合理性，继而最大限度地展现出每个传感器的实质性作用，从最初传感器自身所具有的缺陷出发，高效落实优化设计和改善工作，积极研制出新型的传感器。

2. 积极开发矿山云平台

在正式进行智能化矿山建设时，其全部元素都会集成在云平台中，所以矿山云平台的开发需要将绿色、安全和高效作为其建设方向。其中，安全建设要求工作人员不仅要保障矿山生产的安全性，同时还要注重对于网络平台安全性的保障。高效性则要求工作人员在提升生产作用的同时，还要保障智能化系统能够更为高效地实现对于数据的运算和处理。由此可见，云平台建设既要能够坚决落实自动感知控制的相关要求，同时还应当合理进行决策思维的模拟，进而确保露天矿山在生产阶段能够有着良好的自动分析以及处理能力。当前云计算技术在我国已经得到了较为广泛的应用，并取得了众多应用成果，为了进一步提升矿山智能化云平台的建设成效，相关技术研究人员应当在实践过程中促进人工智能、物联网以及大数据等多样化技术的有机集合，进而增加云平台的功能性，使其在风险识别、生产管理以及故障诊断等方面都得到有效应用。在合理建设露天矿山云平台时，工作人员需要综合考虑各方面影响因素，进而构建标准体系，确保其能够同相关标准相适应，这样便能够为其高效运转创造良好的条件，基于相应的数据标准，对各类数据展开全方位的采集、分析以及处理工作。若想进一步保障云平台建设合理，符合智能化矿山建设的要求，工作人员应当在建设云平台架构时注重把控其应有的可拓展性以及开放性。具体在于实现数据采集、传输、分类以及存储等相关标准的有机统一。智能化露天矿山所提供的所有应用服务都需要基于标准体系架构顶层设计来实施，其主要是围绕着服务对象，详细开展对于云平台机构的划分工作，使其以多个层级的形式展现出来，与此同时，其每个层级都会对其相应的权限进行设置。

第三节　智能矿山的建设构想

一、智能矿山的建设定位

随着科技进步对资源环境领域影响的不断深化，多数处于发展中期或后期的矿山在数字矿山技术研发与应用方面都取得了显著的成绩，这为新矿山建设奠定了扎实的经验基础。随着数字矿山技术的不断发展与完善，矿山技术发展又有了更高的目标要求，即实现矿山的智能化。目前，国内矿山兴起了智能化矿山建设的热潮，矿山智能化已成为新矿山建设的重要发展方向。

（一）智能矿山平台内涵

智能矿山作为矿山安全生产运营全过程的支撑平台，是矿山两化深度融合的产物，承载着矿山高可靠远程控制、安全生产精细化管控、穿透式全息可视化查询等日常安全生产运营调度业务，并综合矿山开采、掘进、机电、运输、通风、给排水各类生产过程控制信息，安全监测监控、人员定位、防灭火等安全保障数据，生产、运输、销售调度运营数据，构建智能矿山安全生产运营数据中心，应用专业业务模型及智能综合决策实现对矿山整体运营的不断优化，为建设“高可靠安全保障、高效生产、经济运营、绿色环保”的现代化矿井提供平台支撑。智能矿山平台主要依托物联网编码原则，规范矿山各类基础信息编码与识别体系，将矿山自动化与物联网技术相结合，实现矿山各类传感及控制装置的自动识别、感知与物联控制，最终在矿山实现物—物就近交流及人—物远程沟通，集成矿山地理地测基础数据、专业实时安全生产监测监控数据、日常安全生产管理数据及矿山运营管理数据信息，构建智能矿山大数据中心，依据深度学习的知识库，形成最优决策模型，并对各环节进行实时自动调控，具有智能调度管理、安全监测监管及自动分级报警、动态区域性安全综合分析、生产过程优化控制、矿山全息可视化、远程故障自诊断、信息动态关联与决策分析等功能，最终实现矿山安全、生产、运输、销售、机电等环节的安全、高效、经济、绿色运行。

（二）智能矿山的要求

智能矿山建设总则要求：按照“总体设计、分步实施、安全可靠、适用先进”的原则。统一宽带网络传输平台、信息处理平台、数据库、接口规范，建设功能齐全、多专业集中的矿井调度控制中心，建设统一的数据中心。主要生产环节应设置监控、通信、监视等系统，实现自动化运行，远程监控。计算机主干网络应采用千兆及以上网络；工业控制网络采用具有冗余功能的千兆及以上工业光网络。办公网络采用有线网络或结合无线网络的方式全覆盖。建立专家决策支持系统，实现对重大危险源的识别、预测、预警。

二、智能矿山智能决策的技术架构

（一）业务系统

业务系统包括矿山企业已建成的安全管理类、生产过程类和经营管理类系统，既有一般的管理信息化软件系统，也有工业自动化控制系统、监测系统和视频监控系统等，这些系统是决策支持技术架构中的原始数据来源。

（二）数据汇接

数据接入方面在传统 BI 和数字矿山等系统的建设过程中已经发展得较为成熟，但存在视频流需要单独处理、新一代物联网协议支持度不佳等问题。智能决策支持技术架构通过增加统一接入层，把各种类型的协议、接入方式统一在一个平台上处理；使用中间件解决高吞吐量条件下可靠的消息订阅和发布问题，采用消息队列遥测传输解决物联网设备接入问题。用于连接传统的工业自动化系统或设备，使用开源工具或自定义组件抽取传统关系型数据库和文本类型的数据。数据汇接过来后，保存在统一的分布式文件系统中。基于性能方面的考虑，可按高价值密度结构化数据、结构化数据、半结构化数据和非结构化数据来分区保存。

（三）分析平台

为了承载多种数据分析组件和方法，通过增加容器层，可以在统一的基础计算平台上同时运行大量异构分析业务应用。对于高价值密度的结构化数据，可使用大规模并行处理类型的数据分析工具来进行处理，这样可以有效解决自助分析过程中的响应时间问题；对于海量的结构化和半结构化数据，采用基于框架的上层组件进行分析；对于无界的非结构化数据或测控数据，采用实时流计算工具来处理，可以提供不间断的事件触发机制和滑动窗口数据分析功能。上述不同的组件和工具可以提供完整地处理异构数据、快速构建面向主题的数据仓库、高效分析数据间关联关系和准确描述数据相关性等功能，并且支持去中心化协议，选出主节点以后，再结合中心化副本控制协议完成系统整体的分布式节点管理。

（四）数据应用

架构支持常见的数据显示屏展示、报表系统、多维展现和监控预警等数据应用，同时支持在线的自助分析功能，可以快速提取数据、快速构建查询和生成图表，过程中无须软件开发人员编写代码，通过可视化方式完成操作。

（五）决策支持统一管理平台

智能决策支持架构的整体管理由统一的管理平台完成，其中统一数据描述管理用于解决异构数据源对业务数据描述不一致的问题，授权和审计提供了细粒度的权限管理和事务日志存档功能，可视化集成开发环境用于支持业务模型开发和自助分析，数据清洗提供了矿山行业信息化系统常用的噪声数据过滤功能，作业开发用于编排数据分析事务过程，集群资源管理实现内存、CPU、网络资源和磁盘 I/O 等计算资源的分配和回收功能，任务调度提供业务分析应用的排队、优先级等调度管理功能。

（六）关键技术

1. 异构业务承载技术

为了兼容不同的业务分析需求，架构提供了一种支持多业务模型的承载容器，容器层对上为应用层提供统一的数据接口，对内封装不同业务的数据和操作，对下提供基础计算资源的统一管理。容器技术指的是把业务处理功能打包在一个类似“集装箱”的环境中，与系统内其他进程相互隔离，互不影响。与常规虚拟机的机制有所区别的是，当容器启动时，仅是通过进程间调度，而不需要引导整个系统。通过使用轻量化的 Docker 容器承载矿山不同的业务计算模型，构建一个将不同的数据分析模型、工具或系统整合在一起的大数据分析处理平台，允许不同的大数据分析应用在同一个集群内共享计算资源，但在逻辑上又互相隔离，保证了异构业务正常运行。

2. 数据流降载技术

在处理生产过程自动化数据、视频监控（可变码率）数据时，常常出现瞬时突发大流量数据的情况，通过缓存加数据流降载技术可保障系统稳定运行。当数据流大于系统处理能力时，首先填充缓存等待后续处理，如果出现缓存不足的情况，则需要采用降载技术。降载技术是在尽可能保留数据特征的同时，删除冗余数据，这种技术会尽量减小对数据流最终处理的影响，具体方法包括直方图降载方法和模式特征保持降载方法等。在降载过程中，如果平台中新的计算资源分配完成，就可以关闭降载。降载技术可作为提高系统可用性的一种应急机制。

3. 数据隔离和计费技术

新一代大数据的基础组件侧重于完成数据的存储和运算，数据的隔离不是其关注的重点。而上层应用更关注数据的使用和业务逻辑的实现，对于缺失的数据隔离功能，可在存储层和容器层共同配合解决。数据隔离可使用多种方法来实现，在数据存储层面，可以按用户角色给数据打上标签，粒度可细化到行、列级别；在容器层面，可以为用户分配互相隔离的轻量级计算容器，同一用户仅能在容器内部执行业务计算，而又可以共享基础计算资源。作为通用的业务容器层，在访问计费方面提供的是基础性数据，例如用户停留时间、用户基本信息、本次访问的数据量、计算所用集群节点 CPU 核数、内存使用峰值等。这些基础数据通过微服务的形式对外发布，可由计费组件获取并按预定的规则计算费用。

三、智能矿山中基础平台的建设与实现

（一）矿山工业互联网内涵

矿山工业互联网是智能矿山架构体系的基础，其通过智能传感装备对矿山

生产运行与经营管理过程中任何事物的状态进行实时感知，具备“人－物”之间互联互通、元数据交互和深度共享，实现矿山全系统的互联互通，通过矿山数据全周期感知、采集和自动分析，建立深度学习知识库、最优决策，并对矿山安全、生产、运营、设计等环节进行自动调控，实现矿山各类系统运行的高效协同、运营管理成本的有效降低。智能矿山建设与矿山工业互联网技术有着密切的联系，智能矿山的实现主要依托两方面基础能力：一是矿山的智能开采技术，包括先进开采装备、先进材料和先进工艺等，是决定矿山智能开采的根本；二是矿山工业互联网，包括智能传感控制软硬件、工业网络、大数据平台等综合信息技术要素，是充分发挥开采装备、先进工艺和材料的潜能，进一步优化资源配置、提高开采效率和实现安全、绿色开采的关键。因此，矿山工业互联网是智能矿山的关键基础，为智能矿山提供必要的共性基础设施和能力，是支撑矿山智能化发展的基础保障。

（二）矿山信息化建设存在的问题

矿山信息化建设过程中，存在的问题很多，主要包括以下三个方面：

（1）缺乏信息化标准。在矿山信息化建设中，相关标准的制定非常欠缺，因此各系统之间的数据描述、分类编码、存储格式差别很大；元数据标准各不相同；通信接口和传输协议不统一；信息集成方式也不一致等。

（2）缺乏多学科交叉应用。理想层面的矿山信息化系统应该是采矿、安全、地测、机电、通信、管理等多学科交叉融合的集成应用，这就需要一个能搭载各学科知识应用的开放性公共平台，以实现集成各学科服务于一体，但目前尚未形成这样的平台。

（3）重硬件轻软件。我国矿山信息化实施案例中普遍存在重硬件轻软件的现象，据统计，煤炭行业在信息化建设投资中，硬件投入占比接近70%，而软件投入仅在20%左右，从而导致煤炭企业信息资源没有得到有效的开发，难以很好满足矿井实际生产的需求。

（三）智能矿山平台设计

智能矿山平台架构主要由3层组成，分别是物联感知层、传输层、智能应用与决策层。物联感知层主要由现场大量传感器、执行器、工业视频前端摄像机、智能手持终端设备、电源、定位装置等设备构成，实现作业现场环境安全、生产工况的全面感知，依托井下各传感装置、控制装置、定位装置的物联规则，实现各传感器、控制器之间的自动智能识别与就地控制。传输层主要完成物联感知层各节点的组网控制及信息汇总，并通过各种通信网络（如 Wi-Fi、蓝牙、4G 及未来的高速移动通信技术及超高速移动通信技术）技术和工业以太网主干网完成矿山物联感知层设备配置信息、传感器实时数据、控制命令、视频、定位位置等数据信息的高效可靠传输。智能应用与决策层主要包括监测监控层、数据运维层和智能决策应用层。

监测监控层主要以专业监测监控为核心，包括环境安全监控、主井提升、电力监控等，实现对作业现场环境安全、生产过程的实时监测与专业化控制，如安全监控系统的异地断电、主井提升系统的提升控制、计量系统的基于瞬时产量的年月日累计产量计算、电力监控系统的防越级跳闸等。数据运维层主要利用大数据平台或非关系型数据库等构建智能矿山数据中心，完成智能矿山主数据、安全生产监测监控数据、地理地测空间基础数据、运营管理数据等的集中统一存储，应用大数据及物联网等技术实现对视频数据、实时数据、管理数据进行汇总、筛选、清洗、综合分析。矿山数据中心按照数据来源及数据属性分为主数据管理中心、实时监测监控数据中心、地理地测空间数据中心与运营管理数据中心。

（1）主数据管理中心依托物联网编码体系，实现矿山各类基础数据信息的统一管理，包含部门、职务、人员、证照、区域地点、系统编码、传感器类别、控制器类别等，并通过统一的数据接口为智能矿山平台应用提供基础数据的共享。

（2）实时监测监控数据中心实现对安全监测监控、移动目标、生产过程控制数据的实时采集、处理与存储。

（3）地理地测空间数据中心实现对矿山地理地测类空间数据及模型的存储，包括地面地形、井下地质、井巷工程、设备模型等。

（4）运营管理数据中心实现对日常安全、生产、运营调度等管理类数据的存储与应用，并通过数据抽取、转换、装载技术抽取及应用矿山经营类数据，包括成本、人力资源、设备资产、财务、运销、物资及行业动态信息。

第四节　智能矿山的应用体系

一、智能化生产条件准备

智能化生产条件准备的建设目标是形成智能矿山管理与控制的基础条件。将矿山生产的一切前提，包括生产要素和资源要素，尤其是地质资源要素，实现数字化，为矿山的智能生产与组织提供数字化的基础条件。智能化的生产条件准备应满足矿山生产的持续性和地质资源价值的动态评估等前提，因而具有动态性，能随着生产的实际进展而不断更新。

智能化生产条件准备的具体任务包括：

（1）空间信息的智能化采集。

（2）地质资源的精细化建模。

（3）资源储量的动态评估。

（4）基于矿业软件的露天矿开采境界优化。

（5）基于三维可视化的矿山开采设计与生产布局优化等。

二、开采作业自动化

开采作业自动化的建设目标是实现现场作业无人化、少人化。在主生产作业或危险区域实现设备自主运行，关键生产辅助环节实现无人值守，矿石加工流程与矿石质量实现自动控制。

开采作业自动化的具体任务包括：

（1）露天矿智能化生产调度。

（2）卡车运行自动化。

（3）胶带运输自动化。

（4）地下矿采掘设备自主运行。

（5）辅助作业的机械化与自动化。

（6）矿石溜放的智能监测。

（7）井下运输与提升的智能调度等。

三、固定设备无人值守

在矿山开采过程中涉及众多的辅助设施与固定设备。通过智能矿山建设，实现固定设备的无人值守。具体任务包括：

（1）通风系统的模拟仿真，实现“按需通风”。

（2）实现经济最优的排水系统的自主运行。

（3）在供风系统中实现“按需供风”。

（4）在供配电系统中实现无人值守与数据采集。

（5）在充填系统中实现地表充填站的全自动运行与基于任务的自主调节等。

四、选矿智能化与智能选厂

智能选厂的建设是以选矿自动化为基础，围绕装备智能化、业务流程智能化和知识自动化逐步升级，实现选矿自动化与选矿系统的智能控制。具体内容包括：

（1）实现高精度的监测监控，包括料位监测、液面监测、浓度监测。

（2）整个选矿系统的自主调节，不仅能够根据一个或者多个过程参数的反馈对控制周期和强度进行调整，也能够根据过程统计监控识别出的生产状况自动调整生产作业参数。

（3）与矿石全面质量管理相集成，向多元化、品位导向下的集成优化发展，通过对整个生产过程的监控、管理，实现对整个矿石流的全流程监控。

（4）选矿生产过程仿真。

五、智能化安全保障体系

智能化安全保障体系的建设目标是实现面向人—机—环—管的全方位主动安全管理。在现有安全生产六大系统的基础上，将人员行为安全、作业环境安全、设备运转安全、安全制度保障等安全生产要素加以全面集成和智能化提升，形成以全面评估、闭环管理、实时联动、智能预警为特征的主动安全管理保障体系。

智能化安全保障体系的具体内容包括：

（1）井下通信联络系统。

（2）井下人员定位系统。

（3）作业环境在线监测与预警。

（4）微地震监测与智能预警。

（5）露天边坡稳定性监测与智能预警。

（6）尾矿库在线监测与智能预警。

（7）作业现场安全的闭环管理。

（8）矿山安全评价与预警管理。

（9）面向大数据分析的安全知识管理。

（10）基于虚拟现实与增强现实技术的人员安全培训。

（11）智能联动与安全预案管理等。

六、生产系统智能管理与优化

矿山生产系统主要包括地面生产系统和井下生产系统，所包含的环节多且管理复杂。实现生产系统智能管理与优化，即实现最优的生产组织与过程跟踪。因此，矿山生产系统智能管理与优化，要求在对矿山全部生产要素进行数字化评估的前提下，以矿山面临的生产任务为总目标，优化得出适宜的生产指标体系，并自动完成生产作业组织与排产，与生产过程自动控制体系相结合，实现覆盖地、采、供、选、销的生产管理全流程跟踪，以保证矿山生产的高效、经济。

生产系统智能管理与优化的具体内容包括：

（1）资源储量动态管理。

（2）生产计划优化编制。

（3）地下矿智能化生产调度。

（4）生产运营信息统计与核算等。

七、智能生产决策支持系统

智能生产决策支持系统的目标是实现生产经营效果的科学分析，并辅助生产决策，其特征是采用机器学习和集中分析的方法进行分析评价，从而实现决策支持。

基于各环节形成的生产与经营数据，运用大数据分析与商务智能等工具，采用系统分析与评价、数据挖掘与优化模型等方法完成矿山的经济分析与决策支持，预测并及时修正矿山生命周期内的生产布局。其具体内容包括生产指标动态优化系统、基于商务智能的定制主题经济分析、面向大数据的全维度决策支持系统等。

第五节　5G 技术在煤矿智能化中的应用研究

一、煤矿智能化需求分析

随着我国科学技术的不断发展，以计算机技术和互联网技术为基础的现代信息技术在我国各个生产领域都有着广泛的应用。5G 网络通信技术的出现，使得网络传输速度不断加快，在很大程度上提高了我国社会生产力。煤炭作为我国社会重要的基础能源，对我国社会生产力有着重要的影响，5G 网络通信技术在煤矿领域的应用，使得煤矿生产发生了很大的变化。

（一）智能化对于网络的需求分析

煤炭作业现场总线连接大量的检测传感器、执行器和工业控制器。近年来，虽然已有部分支持工业以太网通信接口的现场设备，但仍有大量的现场设备依旧采用电气硬接线直连控制器的方式连接。即使部分使用无线通信，往往也是采用安全性低、抗干扰性差、速度低的 Wi-Fi 网络，远远达不到井下智能化连接的需求。传统的网络已经无法满足井下对移动性、低时延的各项应用需求。

（二）智能化对于网络的需求分类

不同的煤炭作业现场有着不同的网络需求，而煤矿面临的最大智能化问题包括全面感知、智能控制、智能采掘等，解决这些问题是实现智能煤矿、无人煤矿最根本的要求。首要需求就是高质量的无线网络。

二、5G 与物联网的融合发展

5G 网络使得物联网设备周围形成的天线阵列，构成了一个用于各种传感和控制节点的信息传输的全覆盖网络。遥感层的数据直接通过 5G 网络来实时传输。对接收到的数据，应用层可以根据应用领域的相关行业标准进行相应的处理和操作，并对遥感层设备进行检测和远程控制。而且，5G 认证和加密技术也保证了数据传输的安全性。

与现有物联网结构模型相比，5G 与物联网的集成具有以下优势：

（1）高效。现有物联网主要以 Wi-Fi 为基础接入网络。当连接或传输数据量过大时，由于设备带宽容量和数据处理能力的限制，容易造成网络拥塞和网络延迟，感知层的数据不能及时传输到应用层或管理员终端。

（2）便捷。基于 5G 的物联网更有利于新网络的建设、维护和监控。智能终端设备与用户携带的 5G 手机之间的直接连接，不需要新的布线规划，以减少对现有建筑环境的破坏。

（3）经济。物联网终端与 5G 移动设备直接相连接以达到感知层数据可以直接通过 5G 基站传输的目的，减少了不必要的网络层设备的使用，如路由器、交换机等，从而节省了设备购置、安装、维护和升级的费用。

三、5G 网络通信技术及其优势分析

（一）5G 网络通信技术概况分析

5G 网络通信技术相比于传统的 4G、3G 网络通信技术在传输速度上有着很大的提高，其创新主要是在无线技术和网络技术两个方面。5G 网络通信技术的大规模天线矩阵、超密集组合网络、新型多地址和全频谱接入技术等是其在无线技术方面的创新；在网络技术方面，网络功能虚拟化等技术取得了很大的创新，5G 网络通信技术从总体来看，是我国乃至世界未来网络通信技术的主要研究方向，未来 5G 网络通信技术势必会在各个生产领域有着广泛的应用，对于提高社会生产力有着重要的作用。

（二）网络连接功能增强

人们无论在何时何地都能迅速地连上网络，这能有效避免出现网络连不上、网络中断等问题，而且5G网络运行速度非常快，能缩短用户的等待时间，使用户获得更好的使用体验感受。

（三）能耗降低

由于智能手机、智能手表等移动通信设备的使用数量增加，其电能消耗效率受到人们的关注。为使用户的通信设备具有更长的运行时间、待机时间，5G通信网络可在确保信号稳定的基础上，消耗更少的电能。

（四）热点高容量

在人员密集的地方，4G通信网络可能出现因流量需求大而传输速度变慢的情况，而5G通信网络能实现平均分配流量，从而避免产生数据传输滞后、卡顿的现象。

（五）全双工技术

全双工技术应用于5G通信网络，能够有效地除去信息发射端、信息接收端中存在的干扰因素，提高通信网络的抗干扰能力，使信息数据的传输变得稳定而高效，而且实现了信息在发送与接收过程中对时频资源的共享，使发送信号、接收信号的功率不会受到影响，从而促进5G通信网络使用效果的提升。

四、5G技术在煤矿智能化中的应用

（一）5G煤矿无线通信系统组成分析

结合现有的5G通信网络技术，对某煤矿5G无线通信系统进行了设计。该系统的基本框架由核心网络平台、地面5G信号基站、矿井下5G信号基站构成。经商议采用了有源天线单元进行全面的覆盖，且通过接口与室内基带处理单元进行连接；井下采用的是射频拉远单元进行全面的无线网络覆盖，并与地面的5G信号基站相连。该煤矿无线通信系统的构成基本能够满足煤矿日常工作中对无线网络系统的需求，具有较高的实用性。

（二）新型智能煤矿体系

新型智能矿山体系，首先通过制定统一的信息化系统标准规范，促进现有系统之间相互联系、相互作用、相互约束、相互补充，打造统一的综合管理平台，全面接入安全监控系统、人员定位系统、产量监控系统、视频监控系统、供电控制系统、工作面控制系统以及采、掘、机、运、通、排等各大系统，指导煤矿企业的人、财、物、生产设备等方面的科学运营和管理。

4G实现全覆盖，提供全域通信和无感切换能力。5G部署重点应用场景，实现综采工作面、掘进面等重点工作地点多维数据源回传、控制信息发布。依托云计算和大数据技术，打造边缘云和核心云的智能应用运行管理模式。

边缘云搭载各类应用和分析算法，实现对煤矿工作中具体事件和数据的就近分析，直接掌控各类矿端设备并做出条件反射式的高速、准确反映；核心云搭载智能平台，汇聚收集矿端数据和边缘云分析结果，对整个信息进行数据模型构建和AI能力的训练，不断增强边缘云反映能力，从而提高整个系统的灵活性、运行效率和智能化水平。

在云边协同的系统体系和5G高速网络的支持下，投入更先进、成熟的工业设备，如防爆机器人、高清智能摄像机、高灵敏度传感器、远程控制器等，为不断增加的专业化智能应用提供更全面、有效的数据并及时做出针对性响应，最终实现煤矿生产由各个系统单一的集中控制向全矿井集中控制、自动控制转变，实现一键开机、智能辅助控制、远程操作的功能。

（三）智能控制采掘

为提升煤矿井下智能化开采效率，需全面渗透5G技术，同时利用AI技术、自动化控制技术、自动化监测技术分析矿井功能及稳定性。通过落实数据采集、传输要求，同时在合理的处理中进行模拟训练及学习分析，有利于得到可视化矿井环境。此时，工作人员可依据不同数据指标进行自动化采掘，可避免矿井种类繁多、地质环境较为复杂的负面影响，也能提高智能化开采的效率。此外，在技术运行使用中，需对传输装置的运行状况进行宏观调控，利用合理的故障诊断处理，可将运输效果调控在一定范围内。通过大数据的管控，对诱导装置进行控制，方便工作人员远程、宏观收集关键数据信息，调整集显数据的精准度。

（四）物联感知

种类多、数量大、数据多是煤矿传感器的典型特点，传感器是建设煤矿智能化的基础，实现设备状态、地址条件、环境参数、人员安全等信息的全面感知是煤矿传感器发展的重点方向。例如，采煤工作面三机设备的位置姿态、工况监测、健康预测；掘进工作面设备的精确导航、视觉分析、健康预测、轨迹监测；监控摄像头的动态目标行为分析；巡检设备的路径规划、环境监测、危险源识别；动态透明地质监测的数据精度；矿用车辆无人驾驶的定位导航、运行状态监测、环境感知等煤矿智能化应用场景。

（五）综合管理

煤炭行业信息化管理建设除针对生产和行政管理类关键子系统建设相对较全以外，其他方面建设水平薄弱。煤矿智能化需要建立一个拥有多系统融合、海量数据存储、数据分析预测等能力的综合管理体系，集成安全防控、经营管理、生产管理、调度指挥、井下监控、洗选监控、园区服务等场景应用服务，实现技术高端化、操作直观化，降低应用的门槛，给工作人员带来更亲民的智能化操作体验。

（六）以5G技术为基础的虚拟交互应用

VR（虚拟现实）与AR（增强现实）的应用，可以实现三维建模、虚拟展示，这是一项可以彻底颠覆传统人机交互内容的一项重要技术革命，在未来煤矿开采期，合理应用该项技术。

虚拟交互应用组要分为以下几个阶段：

（1）在三维建模与虚拟展示中，例如，目前常用的3D技术，该项技术的实现需要20Mbps带宽和50ms延时，对于该项要求来说，目前应用的4G网络加Wi-Fi就能够达到应用要求标准。

（2）合理应用在互动模拟和可视化设计方面，例如，在煤矿井下对工作人员进行培训，该项内容采用40Mbps带宽加20ms延时。

（3）混合现实、云端实时渲染和虚实融合操控，例如，系统运维、虚拟开采等，针对这些内容，需要100Mbps-10Gbps带宽加2ms延时要求，为了达到这一目的，需要采用 5G 技术或更先进技术才能满足作业需求。

（七）精准实时定位

传统煤矿井下定位大多数是采用蓝牙等无线传输技术实现的，但是这些技术在覆盖范围、切换时间等方面存在不足。我们可以借助 5G 技术的低延时特点对矿井内信息进行精确实时定位，开发井下车辆智能管理、开采设备智能化等，以解决井下移动设备实时监测的技术难题。

（八）移动巡航

5G 网络低时延确保了煤矿巡检机器人的高精度巡检，机器人搭载高清摄像头所拍摄的视频可以通过 5G 网络实时传到地面，地面工作人员通过虚拟现实场景获取实景信息，形成虚拟环境与现实环境互动。通过 5G 网络技术，使得实时场景传输、设备信息展示、自动追踪、远程诊断等技术成为可能，促进虚拟现实、增强现实、混合现实等技术在硐室、带式输送机、巷道、采煤工作面等场所的应用。

第六节 5G通信系统在煤矿安全中的应用

一、煤矿安全的要求

煤矿开采中，对于安全的要求是方方面面的。不仅是针对开采进行的过程，在开采之前对矿区的检测、提前对矿区进行加固、出矿煤矿的运输、提前对事故发生进行演练等，都是煤矿安全生产中不可或缺的要素。此外，在开采中，需要对多方面数值进行检测，加固设备的承重状况，矿井内部的空气、通风状况，矿井通道和安全出口的合理设置，防火和防爆的要求，矿井内部是否存在地下水等，都需要强大的监测能力对这些方面进行实时的监测，最终能够及时地反映问题，保障开采工作的顺利进行和作业人员的人身安全。

二、5G通信系统的特点

5G建立在4G的基础上，是通信技术的又一次飞速发展。5G具有“超高速率、超低延时、超大连接”的技术特点。“超高速率”，使得通信的传播速度得到了飞跃式的提升，5G的一个特点就是高频，受限于高频的传播性能，所以很多的高频段频率资源没有被使用，这正是5G可以好好利用的资源。“超低延时”，减少了请求和响应之间的时间差，5G技术可以有效地降低延迟，并且提高数据的传输速率，让响应时间大幅缩短，如若将其作用于多台工业机器的控制，超低延时就能将整个控制过程的延迟时间大大缩小至1～2毫秒，这就能大幅提升工业设备的精度准度。“超大连接”，则满足了5G在网络与网络间的连接，甚至在网络与物品连接的需要，强大的连接功能能够推动物联网的时代来临，物联网整体网络的建立，能采集物品连接与互动过程中的各种数据，并将这些数据作出整合分析，能够优化改变一些设备的运作模式。要将5G技术运用于煤矿安全中，就要发挥5G技术的特点与优势，将5G通信技术与煤矿安全的设备相结合，促进煤矿安全系统的整体进步与发展。

三、5G 通信系统在煤矿安全中的作用

（一）加快信息传播速度

5G 超高速率的特点，极大地加快了信息传播速度。前文提过，对于煤矿安全的监测是方方面面的，而这些数值任何轻微的变动都可能造成无法挽回的后果。5G 通信能够实现信息的高速传播，这就在极大程度上帮助了煤矿开采中对各种数据的监测。在开采过程中，利用 5G 通信，实时监测矿井内部的瓦斯含量、分成分布等，能够明确分辨出哪些矿井的状况适合开采，而哪些矿井不适宜进行开采活动。

例如，对矿井内承重设备的信息监测，每天不间断监测设备的承重能力，在数据发生偏差，有可能造成坍塌危险时，及时向指挥部门发送信息，组织矿井内作业人员的撤离，在避免人员伤亡的同时，精确指出具体是哪一区域的设备出现问题以及问题的类别，让相关专业维护人员能够对设备进行精准的检查，避免人力物力的浪费。此外，利用 5G 通信技术与探测技术结合，检测矿区的地质情况，分析地层各种成分，是否存在地下河流等情况，及时快速地对探测结果进行传递及分析，帮助矿区开采活动的顺利进行。在煤矿开采过程中，如若发生突发事故，5G 通信能够以最快的速度向地上反映情况，在一定程度上帮助反馈灾害状况，帮助救援活动的实施。5G 监测技术所具有的传输距离长、可信度高、功能消耗少等特点，极大地满足了井下作业各种应用功能。

（二）推动安全技术资源整合

5G 强大的信息收集传播与分析能力，推动了煤矿安全技术的资源整合。5G 的发展，能够对以往多年煤矿开采过程中的安全问题，以及相对成熟的危险防范措施作出归纳总结，在已有的煤矿安全保障措施的基础上，结合现代新型科学技术发展作出优化。5G 通信强大的收集能力，可以收集过去发生的煤矿安全事故中的各方面信息，对这些事故产生的原因以及应对这些事故的措施进行分析和总结，从而帮助后续的煤矿开采工作更好地规避危险，一旦发生事故，也可以迅速作出反应，为救援提供高效可行的措施，保障作业人员的人身安全。同时，5G

通信在对各种煤矿安全信息作出整合分析的同时，也可以帮助建立系统算法，通过算法数据不断优化各方面的工作，切实指出现有安全保障措施中存在的漏洞，并且灵活提出解决方法，促进煤矿安全保障的提升。

（三）促进煤炭安全技术创新

5G 的一大运用，是与物联网的深度结合，对煤矿安全相关设备进行物联网改变，能够极大程度地推动煤炭安全技术的整体创新。物联网能够将各种信息传感设备与网络结合起来而形成一个巨大网络，实现在任何时间、任何地点，人、机、物的互联互通。5G 推动物联网技术在煤矿安全中的运用，帮助设施设备进行革新，设计出更加灵敏的煤矿安全监控系统，在一定程度上帮助解决传统煤矿安全监控系统中存在的问题，如信息鼓励、系统封闭等。此外，通过物联网技术建设的煤矿安全系统，能够更好地连接开放性网络，促进数据的高度融合，扩展感知网络的范围，从而促进煤矿安全自动化监测的综合水平。

四、如何合理运用 5G 通信系统提升煤矿安全

（一）推广 5G 系统在煤炭中的应用，增加 5G 资源的投入

要让 5G 通信技术在煤矿安全中得到合理运用，首先要将 5G 技术在相关产业中推广开来。现今我国的煤矿安全技术方面缺少创新理念，对 5G 通信的技术运用较少。可以派遣 5G 通信方面的专业技术人员与煤矿安全方面的技术研究员进行交流，对二者的技术特点进行分析，将 5G 通信技术与煤矿安全相结合。

（二）结合煤矿安全的需要制定相应的系统

煤矿安全的需要是多方面的，相应的结合 5G 通信技术所建立起来的安全管理系统也需要覆盖到方方面面。首先，在煤矿生产方面，满足安全生产的同时不能忽视现代煤矿产业综合自动化生产的需求。在感知与控制层面，需要注重的是生产系统、安全系统、供电系统、生产调度系统这四个方面。其次，要建成完整的系统也需要数据库的完善。在数据传输集成层方面，要兼顾专家数据、分析数据等组成的工业级数据库和由管理基础数据、业务标准数据等组成的关系型数据库。最后，在管理应用层方面，要着重对安全管理系统作出完善。在传统模块的

基础上，安全智能管理在补充后可分为六个小类，即物联网信息安全管理、煤矿安全评价管理、机电设备管理、重大灾害防止管理、矿井环境信息管理以及定位导航分析管理。完整的系统建立，能够极大程度地提高矿区作业的效率，并且提高矿井作业的安全性。通过多层系统的建立，各司其职，形成分工明确的系统内部结构，使得各个层级能够相互协作，达到一加一大于二的安全管理效果。

2

第二章
露天开采作业设备自动化

第一节　智能化生产调度

一、露天矿生产调度的智能化需求

生产调度的任务是根据产量、质量目标和资源约束，确定具体的开采工艺、生产计划和开采、爆破、运输等方案以及设备配置。作为矿山企业管理的一个重要组成部分，露天开采生产调度系统是整个矿区生产过程的中枢，在露天矿山企业的生产经营活动中起着举足轻重的作用，不仅能实现对不同部门的管理，根据反馈的各类信息及时做出决策、指导生产，而且能直接影响露天矿山的生产效率和生产效益。

作为露天矿生产的中枢控制环节，生产调度一直备受关注。最初的调度是人工管理与调度通信相结合，这一传统模式至今在我国仍有广泛应用。随着矿山规模的扩大，生产条件变得越来越复杂，一些潜在问题严重制约了生产效率和生产调度的及时有效性。

（1）不同的采矿区域之间不能实现跨区域调度。由于露天矿的范围较广，在进行采矿时无法对不同的采矿区域进行综合调度指挥，这是露天矿调度管理中存在的主要问题。如采矿、装载、运输等属于不同分区，彼此之间相互独立，调度需依靠带班工长、带班队长等人的安排，容易造成多头指挥等问题。

（2）电铲发生故障时，对应的运输卡车只有到达现场才能了解故障信息，增加了空载运距以及燃油消耗。此外，值班区长以及现场管理人员只有到达电铲附近才能了解具体情况，调度指挥具有一定的盲目性。

（3）设备故障信息传输效率低。当露天矿的设备出现故障时，故障信息只能通过人工口头汇报，无法保证信息的准确性与时效性，可能会影响设备的维修效率与质量。

（4）缺乏有效的监控手段。传统调度管理一般采用对讲机对采矿现场进行控制，不能实时表述设备的位置、状态、作业类型以及完成的产量，这有可能影响领导的决策效率和质量。此外，传统视频监控系统查看作业情况需消耗大量时间，人工统计难度大，不利于管理。

随着越来越多的露天矿山开始朝着设备大型化、管理信息化、技术科学化、环境保护化的方向发展，传统的生产调度管理方式越来越不适应现代化露天开采的发展需求，必须采用先进的智能化管理方式和手段才能更好地解决问题。随着人工智能技术和计算机技术的快速发展，智能生产调度是解决露天矿传统调度问题的最有效途径。

二、基于 GPS 技术的智能化生产调度分析

20 世纪 50 年代，GPS 技术开启民用。西方一些发达国家，包括美国、加拿大等逐渐将 GPS 技术与露天矿开采与管理相结合，从而实现了高效的矿产开采与管理模式。目前，GPS 技术已经被广泛应用于矿山的勘测、采挖作业以及安全监管等方面。

对于整个矿区而言，露天矿的生产调度系统尤为关键，基于该系统可以有效实现对各个不同部门的生产管理，同时依据不同的数据信息快速做出决策并合理安排生产管理等。传统形式的管理方式主要以图纸为主进行人员的安排，但实际涉及图文资料众多且相对分散，因此实际需要管理的内容也繁多，管理效率普遍不高，大多管理进行主要依据现场管理人员的以往经验以及个人主观判断，因此在定位、定量以及准确度等方面存在一定的偏差。不难看出，以往传统形式的生产管理模式已经无法有效与当下生产需求相匹配，急需一种更为先进、高效的管

理方式。基于 GPS 技术所研发的露天矿生产调度系统可以快速实现对移动设备的监控与定位，并动态显示当前生产情况以及相关生产数据，从而为决策者提供完善的生产调度以及信息分析能力，目前该技术已经在西方一些发达国家被广泛应用，具有非常好的应用价值。

（一）GPS 原理分析

GPS 是由美国研发的一套全球定位系统。该系统可以全天候、多角度地实现对全球范围内的目标定位、速度测算以及位置管理等内容。整个 GPS 系统分为空间、地面控制以及用户三个不同部分。在空间层面，该系统主要由 24 颗不同的卫星互相协作构成，实际每颗 GPS 卫星都可以用于导航定位中，而地面控制则主要依据多个散布在各地的跟踪站组合而成监控系统。用户端口则主要为 GPS 接收设备、数据分析处理软件等组成，其主要作用是为了更好地接收 GPS 卫星所发射出的信号，并基于该信号进行实时用户端导航定位需要。

用户端设备接收到来自卫星的传输数据后对其进行解码，从而得到当前导航以及时间信息。基于该 GPS 系统常规定位精度可以达到米级，通常可以将误差控制在 15 米范围内。对于精度要求较高的则可以达到厘米或者毫米级别，这些大都应用于军事领域。为了更好地普及民用，GPS 技术不断精进，价格也不断下调，自 20 世纪 50 年代开始，该技术被广泛应用于多个领域。GPS 技术具有较高的定位精度，且不会受天气、气候以及昼夜温差等的影响，因此特别适合于在矿山等情况较为恶劣的地区使用。

（二）系统架构及其功能

1. 系统构成分析

系统有效结合 GPS 技术，此外在数据接口部分还增加了一系列的基本模块。此类模块主要为 GPS 常用算法库，可以为整个系统提供必要的服务支持。

2. 功能概述

依据工程实际应用需求，该系统需要同时具备移动端用户的位置信息动态采集与传递，经过分析与处理，在中控计算机主界面采用动态动画演示的方式进行呈现。此外，基于该系统还可以对实施数据以及作业数据进行处理分析。该系统主要分为四个功能模块，分别为定位处理模块、状态分析模块、数据存储记录模块和数据查询统计模块。

定位处理模块，指代当现场移动设备处于作业状态时，系统可以自动生成相关信息并在调度中心举行动态的呈现。状态分析模块，则指代在中控系统接收到来自移动端的实时动态参数信息后，对设备当前所处位置、运行工况、指令内容进行综合评测，最终将实际分析的结果作为调度计划的考量前提与基础。调度方案的确定与建立，首先应当对车流量进行规划设计。因此，需要对车流规划构建合适的数学模型，充分结合剥采比、设备的连续性、运输量等要素，对发往各个装卸位置的车流进行合理的配置优化，并将配置结果传达至各个移动设备端，对其进行实时动态的调度管理。当对车流进行科学合理的规划后，再依据当前设备的运输工况，依据现行的某种实时调度设计，由中控系统向分散在各处的接收设备派发运行方向指令。数据存储记录模块，数据源一部分来自各个调度系统对移动端设备的物理参数、人员运输情况、每班作业时间以及其他方面的数据信息；另一部分则主要为作业设备的具体计划、装卸点的计划、设备的作业计划等方面。而这些数据主要包括调度方案的优化配置以及管理决策的制定等。数据查询统计模块，基于该模块可以有效地生成不同班组、作业、人员的数据信息，包括具体某位员工在某段时间的任务执行情况、移动端接收设备的数据信息以及装卸点的装载量等数据。

3. 关键问题分析

卡车调度系统是露天矿生产调度系统的重要组成部分，其主要由移动车载终端系统、调度中心系统以及无线通信系统组成。位于车载的移动终端，可以收到来自 GPS 的实时坐标数据信息，调度中心则通过不断查看以及竞争的方式实时收集各个移动终端的相关数据信息，包括位置信息等；实际当车载终端接收到相关操作指令时，则会自动将当前自身所处位置情况以及状态信息等传回调度中心。基于通信网络技术可以有效地实现设备快速切换、链路的备份以及自我组网等功能，从而为整个卡车调度系统创造良好的无线网络平台。对于卡车调度中心而言，其需要同时承担以下功能：基础信息的录入、当前移动端信息的识别与显示、移动车载终端信息的收集、调度讯息的优化、安全告警、调度指令的产生与推送等功能。对于整个露天矿生产调度系统而言，卡车调度模块承担着非常重要的作用。科学合理的卡车调度系统设计，对于提高当前露天矿的生产效率、满足社会日益增长的资源需求等具有重要意义。

民用GPS系统存在一定的误差，通常为15米左右。实际在进行一些实地勘测时，受多方面因素的影响，该误差有时甚至可以达到100米，因此为了进一步提高该系统的高效性以及准确性，需要对该误差进行纠正处理，避免过大误差存在。相关资料记载，基于差分方式可以有效地提高定位精度，故此次基于采用该方式进行误差的控制。差分纠正主要是基于两个甚至两个以上的GPD接收端设备实现的，主要原理为其中某一个点的位置已知的情况下，设置接收端作为主要基准站用于接受来自卫星的信号，随后在别处架设另外一个接受设备，基于前者可以明确知道微型信号中包含的认为干扰信号，而在后者所接收到的信号中将该部分干扰信号滤去，进而可以有效降低GPS存在的误差。

针对以上信息，此次露天矿生产调度系统采用计算机辅助的方式进行区域内调查，系统实际提供的相对定位方式避免随机误差，即基于未知点与已知点至今的相对关系来实现定位。而且，在采用该定位方式时，对于同一种地形环境中的定位更为精确有效。比如，可以将道路设定为已知信息，而当下得到一移动设备的移动信号，且该设备在运行轨迹上与道路有所偏差。为了避免该偏差，基于该矿山生产调控系统将会分析实际存在的偏差情况以及未来的偏差趋势，经过分析计算，最终得到移动的运行轨迹优化方案，随即将该方案下派至移动端接收机内，做出相对应的移动调教。

移动端位置的确定对于整个矿山生产调控系统的高效稳定运行意义重大。因此，需要对移动端的位置进行明确判断，同时这也是统计数据的主要数据源之一。此次提出的矿山生产调度系统可以基于图形学相关算法，解决该问题。首先，在系统内确定一方向，比如以x轴方向为正向等；其次，以判断位置点引一射线，并对其进行初始化，随后不间断地循环判断实际该直线是否和各个边界相互交错重叠，直至所有边界均判断完毕为止。最后，对计数器进行统计分析，并判断该移动端所在的片面区域。

4. 卡车调度要点研究

卡车是露天矿生产的重要组成部分，因此也是调度系统管理的关键。良好的车辆控制计划以及对司机监控管理，可以有效避免行车安全事故发生，同时有助于进一步提高露天矿的生产效率。基于卡车调度系统的安全预警，实际中通过GPS获得现场数据后，调度中心则进行实时安全预警分析，其中主要包含超时预警、行车车速预警以及偏离路线预警三个部分。基于调度指令发送，对超过预警的车辆进行安全告知，实际行车等调度指令经过无线网络传递至车载终端，随后终端设备将其转化为文字与声音信号进行播报，从而提醒卡车司机。

停车超时预警分析，该模块主要指车辆在某地停车时间过长，基于 GPS 技术可以对该移动端进行实时监测，包括速度以及位置等信息。随后中控中心对获得的信息进行判断，确定其是否处于停车状态。由于该功能可以对客车实时状态进行解析，因此当车辆停留超过阈值时间值时，则判定其为停车超时，随机系统发出指令进行相关安全提示。通过该功能可以有效避免司机消极怠工情况出现，继而提高卡车工作效率，此外还可以搭载油位变化传感器等手段，从而规避偷油情况发生。

行车超速预警分析，主要是指设备在运行过程中速度高于规定最高值，此时通过 GPS 的位置以及速度信息捕捉后，由中控中心进行解析计算，继而得到该设备的位置信息，并判断当前车辆在哪条线路行驶，将当前时速与该道路规定速度进行对比。如若时速高于规定行车速度则判定为行车超速，随后系统将自动发出相关指令至该设备终端，提醒驾驶人员控制车速。实际对于露天矿卡车司机而言，大都采取绩效工资方式，因此为了更多的效益，司机往往在路上超速行驶，此时此次所研究的系统则会及时提醒司机避免超速，从而大大降低了安全事故发生概率。

偏离路线预警分析，偏离路线主要指设备未依据规定的线路行进，GPS 技术可以对车辆位置信息进行实时捕捉，随后由中控系统对车辆当前位置信息进行判断，确定车辆当前位于哪条线路。由于本次研究的调度监控系统可以随时捕捉移动端的位置情况，所以一旦检测到移动端并不位于规定路线内行进时，多次检测到的数据均与规定值不同则判定当前车辆已经驶离规定路线，此时系统则会自动发出相关指令，并引导车辆驶回规定路线。实际对于露天矿卡车司机而言，一些驾驶员可能存在消极怠工情况，从而在实际运输过程中会将卡车行驶至隐蔽处偷懒休息，此外还有一些司机则为了更多地获得效益，则随意将废弃物乱卸等，通过此次提出的调度系统则可以很好地把握此类情况，规避司机不合规行为，从而确保工作效率，提高生产效率。

三、智能调度系统的组成与功能

露天开采智能调度系统涉及计算机、自动化、微电子、信息、网络、导航定位和优化调度等多项技术，是一个集软硬件、人机互动于一体的智能化系统。智能调度系统需要搭建在无线网络传输体系上，无线网络数据传输体系需要保证车载终端与调度中心的数据实时准确传输。

在功能上，系统主要由车载终端数据采集系统和调度中心生产指挥系统组成。车载终端数据采集模块完成设备实时信息的采集，包括位置信息、状态信息、物料信息、故障信息等，并发送给调度中心；同时接收调度中心发送的指令提示给司机。调度中心生产指挥模块实现设备信息收集、设备运行实时动态跟踪显示、调度指令产生与发送、采矿信息录入与计划制订、查询统计与报表制作、设备运行回放等功能。

（一）车载终端的数据采集系统

车载终端是安装在运输设备、采装设备和辅助设备上的硬件单元，主要由主机、显控、通信天线、导航定位（如 GPS、北斗）天线、电源、传感器以及相关连接电缆等部分组成。其主要具备以下 10 项功能：

（1）通信功能：车载终端数据采集模块的通信功能是设备与调度中心生产指挥模块之间联系的桥梁，将设备状态信息及各种数据上传到调度指挥中心，同时能及时接收调度指挥中心发出的指令。

（2）导航定位功能：车载终端数据采集模块结合车载电子地图与自身位置数据，根据当前调度指令，自动寻找最佳路径，并提示最佳路径。

（3）接口功能：终端预留信号接入接口和 USB 接口，方便数据采集，并为将来生产设备的各类信息自动化采集做准备。

（4）信息缓存功能：终端自动检测通信状态，在通信不佳的情况下，终端能够自主备份数据，自动记录各类需上传的信息及请求，并自动维持生产流程检测。待到通信状况恢复后，终端自动将缓存的信息发送至调度中心，使生产过程不间断的进行。

（5）语音播报功能：终端通过语音合成方法自动播报出调度指令、生产的重要信息和调度员的通知信息。能够使司机在工作过程中，及时获取最新的调度指令，及时修改工作内容。

（6）物料更改功能：适用于采掘设备和运输设备。采掘设备具有物料更改功能，包括更改物料和临时货物。更改物料在电铲挖掘物料有实质性变化时候使用，而为了生产过程更加平稳，电铲挖掘物料临时改变时，应使用临时货物功能。当采掘设备系统发生故障，或者操作失误时，运输设备可以代替采掘设备操作物料功能。当然，必须要得到调度人员的同意。

（7）报警功能：适用于运输卡车、工程设备、辅助设备和指挥车等。当设备出现超速、越界、非法停车、油量异常、无故停机、会车、举斗、行车、驶离路线等异常变化时，终端会报警提示司机，如有必要还要上报调度中心，并保存历史记录。

（8）燃油管理功能：适用于辅助设备。加油车能够自动采集油料消耗情况，记录每台设备的加油量，然后及时传给调度中心。调度中心经过分析给出设备用量对比，为单机考核提供依据。

（9）轮胎管理功能：适用于运输设备。终端通过车速和载重量计算，通过网络上传到上位机管理系统。管理系统对轮胎运行状况进行跟踪，出具分析图表和报告，对轮胎寿命形成报表，供相关人员进行维护和管理。

（10）分析岩石硬度功能：适用于穿孔设备。终端利用激光传感器获取的孔深数据，结合钻孔时间，得出钻孔的行进速度，依据钻孔速度的变化对岩石硬度进行间接度量。最后计算出岩石硬度，上传至调度中心，出具相关报表，为爆破提供参考依据。

（二）调度中心生产指挥系统

调度中心生产指挥模块是露天开采智能生产调度系统的核心，包括硬件系统和软件系统。硬件系统主要包括中心服务器、工作站、交换机；软件系统是实现人机互动的关键，主要实现矿山基础数据管理、采场设备实时调度和实时状态监控与报警。

系统的功能包括生产信息监控、生产计划编制、智能配矿管理、生产调度监控、自动计量与智能分析。这些功能系统之间协同工作，保证调度指挥中心正常运转。

（1）生产信息监控系统。利用视频技术对主要生产作业场所和主要设备实现实时监控。同时与防盗、报警等其他技术防范体系联动使用，使矿山生产管理人员能实时掌握前端采场的实际情况，保证露天矿正常的生产活动，提升露天矿山自身管理水平。

（2）生产计划编制系统。利用图数融合，集图形处理与数值计算于一体，充分发挥三维矿业软件、CAD等软件编辑和转换数字化的技术特点，实现矿区地质数据库、地质模型管理和生产计划编排的系统化、可视化、集成化和智能化。

（3）智能配矿管理系统。针对露天矿地质条件复杂、矿石品位波动较大的问题，为保证入选矿石品位的均衡，将高精度卫星定位技术、CIS技术与采场爆破数据库管理技术结合起来，自动实时采集电铲的出矿品位，利用多目标配矿及动态品位优化控制模型，自动生成配矿生产计划，从而实现科学合理配矿。

（4）生产调度监控系统。针对露天矿生产管理的综合性、复杂性、不确定性等特点，利用全球卫星定位技术、无线通信技术、GIS技术和最优化技术等高新技术，通过车铲生产调度优化模型，建立生产监控、智能调度、生产指挥系统，实现卡车、电铲的车流规划、动态配比、实时语音及指令调度和监控。

（5）自动计量与智能分析系统。根据露天矿特殊的生产环境，利用身份识别技术与传感器称重技术相结合，实现矿岩运输量的自动计量；然后以生产配矿计划和实时计量结果为基础数据，自动检测运矿卡车、供矿电铲和入碎矿站的计划完成情况，对未按计划执行的作业进行报警控制。

第二节　卡车运行自动化

一、卡车自动运行简介

运输是露天采矿的重要环节，也是矿山生产成本的主要构成部分，运输设备的能力和效率很大程度上决定了矿山的生产规模和盈利水平。随着技术的不断进步，为了在节省成本、改善安全绩效指标的同时提高生产效率和矿山盈利水平，矿用卡车运行自动化（无人驾驶）应运而生，它也与矿山对设备管理、资产管理、状态和监控诊断等方面的需求很好地结合在一起，成为露天开采自动化运行的重要组成部分。

卡车运行自动化的基本概念是，在无驾驶人员的情况下，由计算机根据程序对设备进行控制，使其按照特定的运输线路行驶和装载、卸载，自动地完成工作循环，遇到意外情况时能减速或停车。系统主要由车载传感装置、自动控制装置、导航定位系统、无线通信系统等构成。

卡车运行自动化系统是卡车智能调度系统的一部分，所有的自动驾驶卡车都会与调度中心后台连接，由监控员实时监控。传统的卡车调度，是将装卸卡车得到的导航定位信息传送到调度中心，调度中心将卡车装卸目的地发送至卡车终端，驾驶员按照终端指示，到指定的地点进行作业。卡车运行自动化系统则应用无人驾驶技术，通过车载传感装置、车辆控制装置、导航定位系统和软件等，改变传统意义上的“人—车—路”闭环控制模式，将卡车调度中司机这种人为不可控因素从闭环系统中剔除，利用计算机系统代替传统车辆行驶过程中的人为操作，从而提高了车辆行驶的效率及安全性能。在此系统下，每台卡车首先都需要实时收集多种信息，包括以下几点：

（1）位置信息和方向信息。在目前的技术条件下，车载全球导航卫星系统就可以满足一般要求。但在装载区和破碎机卸料区，或是在道路上避开障碍物时，都需要高精度的定位信号，因此有必要设置固定基站作为基准，并将误差修正信号发送给车辆，以满足精度要求。

（2）车辆状态信息。主要包括预先设定的车辆轮廓尺寸、车辆行驶特性，以及从车辆控制系统反馈的其他车辆状态信息，如速度、油门开度、档位、制动阀开度、前轮偏转角度、装载状态或吨位、车厢举升位置等。为了保证车辆本身的正常工作，还需要掌握各种工作参数，如发动机转速、气压、电压、机油压力、液压油温度及各种报警信号等，以便将数据传回调度指挥控制中心，并在必要时采取紧急措施，停止机器的运行。

（3）线路信息。通常需要从调度指挥控制中心获取，指挥控制人员根据生产的要求将一条或多条任务路线传送到车辆上，并根据实际情况随时改变任务。车载计算机控制车辆顺序或反复执行任务。任务路线是一个位置信息序列，它采集于实际的工作路线并被数字化。一条任务路线的两端，通常是装载和卸料等待区的口门。

（4）道路状况信息。包括宽度、坡度、转弯半径、积水及积雪情况等，有些信息是与路线信息重合的，通常只要道路维护及时，对于车辆运行有影响的主要是宽度和坡度。为了帮助车辆获取与路缘的距离，可以在路缘安置一些反射器，以正确引导车辆行驶。坡度信息随路线信息传递给车辆，用以帮助车辆控制系统选择正确的油门开度或制动阀开度，保证高效和安全。

（5）障碍物的位置判断。需要靠车载障碍物探测传感器来获取，比较常见的方法是使用毫米波或略低于毫米波频率的24Hz雷达传感器，用以感应物体的存在、运动速度、静止距离、物体所处角度等，要求其性能稳定、探测距离远且不受雨、雪、雾天气影响。为了全方位掌握车辆周边情况，通常需要在车身周围安装多个雷达传感器。

车辆需要在计算机的控制下自主行驶，为了保证安全和经济性，需要事先设定若干界限，如最大加速度、最佳速度、不同路段的最高车速、与前车距离等，同时还需设定若干规则，如道路行驶规则、遇到障碍物规则、队列规则、指令矛盾规则、应急情况处理规则、数据不完整规则、控制信号强度不足规则等。通常在计算机无法做出决定时会将车辆停住，由工作人员登车进行处理。为了避免各种可能的风险（如其他车辆驾驶员及地面人员的误判），自主驾驶车辆通常在车身上安装各种警示装置，如模式灯，根据模式灯的状态就可判断该车当前的状态。

为实现目标指令的下达和行驶线路的设定，以及车辆管理和监控，还需要无线通信进行数据的实时传递。调度指挥控制中心和可靠的无线系统是整个自主驾驶车辆系统的神经中枢，指挥人员需要与生产控制人员一道制订任务计划，包括采集并及时更新装载区、卸料区及行驶路线上的各种信息，并根据车辆自身状况下达任务。在任务执行过程中，需要实时监控状态，更新指令，并采集生产方面和车辆运行状态方面的数据。对于装载区和卸料区，需要人工进行控制，还需与现场人员保持密切的联系，随时发现并处理各种情况。通过远程通信，调度指挥控制中心甚至可以设在数千米以外。

具体来讲，为保证卡车自动化系统的顺利运行，需要实现以下分步操作：

（1）由装备了高精度定位能力的调度中心控制车辆管理，为每辆车指定装载机的位置和运输路线，车辆通过接收无线指令以合适的速度按照目标路线运行。

（2）卡车由导航定位系统、调度中心控制装置无线指令和其他导引装置来确定车辆在矿山的准确坐标并了解周围的情况，使得卡车能在无人操作的情况下实现复杂的装载、运输和卸载循环的自动运行。

（3）装载时，由同样安装了导航定位系统的挖掘机或装载机来计算并引导卡车至正确的位置，由装载机自动进行装载。

（4）卸载时，监测中心控制装置发送卸载点的位置和路线信息，卡车在相应设备引导下到达卸载点，准确进行卸载。

（5）安全方面，在卡车自动化系统运行下，如果障碍物侦测系统发现行走路线上有其他车辆或人，卡车就会马上减速或停车。

二、卡车运行自动化对于数据采集的积极影响

数据采集在煤矿产业一直是一个重点和难点。为了提高数据采集的有效性，很多公司做出了大量投资用于改进矿井数据采集系统。此外，报告分析也可以很容易地显示出设备异常和员工绩效。尽管如此重要，数据采集和分析还处于初期发展阶段，现有系统也需要在有效性和灵活性方面做出改进，以适应不同的作业场景。

（一）卡车自动运行数据采集系统分析

目标是为露天煤矿开采开发一个卡车自动数据采集系统，设计是一个定制的系统，满足露天煤矿的作业模式。该系统集成了数据流、命名规则、各种代码以及其他常用数据处理细节。

系统的扩展使无纸化卡车生产报告成为现实，能够通过现场无线网络实时完成数据收集和数据库同步。数据编辑、数据管理和分析仍然是系统的主要任务。将采集的数据进行整合和转换，为管理决策提供有效信息。

将现有的信息系统集成到新的信息系统时，数据兼容性始终是首要考虑的问题。系统环境数据结构的构件是基于服务器数据库引擎，所以自动化数据采集系统也应该采用相同的机制。如果两个设计相互不兼容，则数据会被隔离在两个独立重复的数据库。在实现自动化数据采集系统之间数据互换的过程中，必须保证两个数据模型共享相同的表名、主键、外键和数据类型。为了避免不同的以及毫无意义的数据积累，实现过程中应该加强原始数据、过滤和动态集成的处理。

自动化数据采集系统的硬件选取基于目的、大小、灵活性和耐久性等因素。在自动化数据采集系统之间的集成过程中，硬件构件分为两类：设备硬件和非设备硬件。非设备硬件包括局域网、无线网络、服务器、调制解调器、路由器以及其他有源和无源网络构件。大多数网络构件位于办公室环境。一些网络构件遍布矿区，比如无线接收器和转发器。本设计中自动化数据采集系统的集成需要使用

矿区中的整个无线网络。此外，采用永久和集中式服务器以及主数据库管理系统用于信息系统的数据库管理。

设备硬件是指集成到采矿设备（如卡车和装载机）的无源和有源的计算机构件。该构件集成类似于一个办公室环境（如计算机、调制解调器和接收器）。开发阶段（第一阶段和第二阶段）需要安装硬件无线通信、GPS 信号读取、数据存储和最终用户交互界面。因而，现场设备的硬件构件主要有便携式触摸屏计算机（也可以作为远程服务器）、GPS 接收机、无线电发射天线、调制解调器以及其他被动计算机构件。

（二）系统设计

系统设计包括到露天煤矿现场实地勘探考察，矿场工作人员提供了书面的设计提议并讲解了项目规范。该系统需要对现场数据结构和当前数据管理技术有详细的认知。换句话说，设计中需要界定如何从现场收集数据。通过到露天煤矿现场考察，收集到的信息包括数据库、应用程序以及用于日常记录的纸质表格和用户界面方案。

收集到的数据库文件包括多个表格。这些表格包含员工数据、调度和现场设备等信息，是现场数据生成不可缺少的信息。除这些表格之外，本设计额外增加了产量以及延迟等信息的表格。系统中所包含的剩余部分信息，比如能量消耗、成本分析和天气等，都不在这个设计的范围之内。

为了保证系统兼容性，采用相同的数据结构，实现了系统的流畅通信。包含两个系统共享端口的表格定义了通信的方向。通过开发一个数据库系统，本设计将表格分为数据源表和输入数据表。数据源表称为“通用数据表”，输入数据表称为“现场数据表”。

通用数据表是指先前在办公室环境中生成的数据表，不能在现场作业环境下进行修改。这些数据包括员工身份证号码、员工全名、设备序列号、设备类别、机组人员代码、机组人员轮换计划、延迟类别、延迟描述、运输位置、运输描述、材料卸载区、材料说明、轮班 ID 以及轮班描述。

现场数据表所记录的数据只能在作业现场环境中采集。现场数据产生时需要与具体的相应通用数据相关联。结合通用数据和现场数据表是记录详细的卡车生产周期和延迟信息的最佳方式。系统最初开发时不是针对存储卡车运输周期信息，因此，设计有必要扩展现有的数据库结构，并集成新型表格来存储现场数据。除卡车周期表格之外，生产主数据结构副本的一个方法是临时数据库。

新型卡车运输周期表的创建有效存储了现场数据，例如装载和卸载时间、运输距离及其时间和 GPS 坐标。同时，创建了设备运行时间、应用加载和 GPS 跟踪器等信息表并引入到了临时数据库。所有新设计的表格用于作业现场设备数据采集，并传输到系统里面。

一般情况下，卡车的起始位置与装载设备是相邻的。则卡车的运输周期包含排队、装载、转弯或定位、倾倒、返回和延迟占用的时间。然而，对于系统而言，卡车周期简化装载、运输、卸载、返回和延迟。将排队时间和延迟时间合并，将转弯或定位时间与运输时间合并，这两个合并很关键，不仅简化了数据采集过程，而且消除了潜在误差。

1. 装载和卸载数据表

作业环境中的卡车周期输入数据分布在三个关联数据表上。从装载和卸载记录开始，装载和卸载周期数据表将事件持续时间数据和设备数量以及员工数量等数据相关联。同时，每次将装载或卸载记录插入到数据库的时候，采集以东和以北值、海拔和时间戳等数据。卡车周期的其余信息记录在生产、GPS 跟踪和延迟等数据表中。

2. 设备工作卡表

在临时数据库中加入了一个运行时间记录表，可以用作一个虚拟的设备运行时间卡。当设备开始运行或者结束操作时，这个表可以存储日期和时间戳等数据，系统可以通过此表查询操作员工作时间的分布。

第三节　胶带运输自动化

一、胶带运输自动化的发展

（一）从国内来看

胶带输送机属于带式运输机，是一种输送松散物料的主要设备，因以胶带作为载物面而被称为胶带运输机。因为具有输送能力大、结构简单、投资费用相对较低以及维护方便等特点，广泛应用于港口、码头、冶金、热电厂、水泥厂、露天矿和煤矿井下的物料输送。1868 年，世界上第一台带式运输机在英国诞生。随后，科技的不断进步，特别是化工生产、冶金工业、机械制造等技术的发展，促使胶带运输机的各种结构不断完善、构造不断优化、设计越来越标准化、性能越来越强。它开始广泛地应用于工农业生产的各个方面，并逐步由完成车间内部的物料搬运，发展到实现在企业内部、企业之间甚至各个城市之间的物料输送，成为物料运输系统自动化和机械化不可缺少的重要组成部分。

作为矿产资源大国，随着我国大型冶金露天矿山开采深度的不断增加，采矿场的空间变得越来越深、越来越小，冶金露天矿山的运输条件（特别是使用铁路运输的冶金露天矿山）日趋恶化，矿山的生产能力大幅降低，矿石的生产越来越困难，以胶带运输为核心的运输系统为解决我国冶金露天矿山运输落后这一难题提供了可行的方案。与汽车运输相比，它具备运营成本低、生产能力大、爬坡能力强、自动化程度高、能够实现连续化作业等优点。

然而，传统的胶带运输生产控制方式效率低下、故障率高，难以满足生产需求。要始终保持胶带运输系统良好稳定的运行工作状态，这使得对胶带运输自动化系统的性能以及其保护控制要求也越来越高。随着计算机技术、传感检测技术、网络通信技术的飞速发展以及控制理论的进步，对胶带运输系统实现自动化控制，及时、准确地对设备运行中出现的早期异常状态或各种故障进行报警、给出诊断，对于预防和消除故障，提高设备运行的可靠性、安全性和有效性，具有重要的意义。

随着我国的物联网技术在实验室里开始萌芽，智能传感器等技术的发展不断扩大应用范围，并引入了小规模的产业化和应用，物联网的一些相关技术、标准、网络基础、产业和应用开始自然发展起来。随着物联网技术的应用开始融入公众生产和生活，企业和个人将普及应用。我国胶带运输技术发展也进入了一个新的发展阶段，胶带运输机所具有的功能更加丰富，应用范围也更加广泛。

大批先进的高技术含量的胶带运输机已经研究开发成功，并在具体的工作实践中得到了广泛的运用，极大地提高了胶带输送机的运输距离、运载量以及运输速度。物联网智能技术运用到了胶带输送机当中，输送机运行的可靠性得到了极大的改善。根据不同行业的发展需要，胶带输送机就有了不同的发展方向，比如在应用最广泛的煤炭行业，大量的井下作业对设备的承重能力、处理能力、牵引力、耐用性等都有很大的考验。

（二）从国外来看

从国际来看，发达国家由于大规模工业生产需要，在胶带机运输系统的自动化控制方面起步较早，研制出了胶带机综合保护系统，能够在线监测胶带机的撕裂、打滑、跑偏等故障，并通过自动化的设备实现对故障的及时处理，有效保证了生产的正常进行。随着科技发展，欧盟、美国等都十分重视物联网的工作，并且已做了大量研究开发和应用工作。它的核心是利用信息通信技术（ICT）来改变美国未来产业发展模式和结构，改变政府、企业和人们的交互方式，以提高效率、灵活性和响应速度。把 ICT 技术充分运用到各行各业，把感应器嵌入全球每个角落，例如电网、交通等相关的物体上，并利用网络和设备收集的大量数据通过云计算、数据仓库和人工智能技术作出分析给出解决方案。他们提出“智慧地球、物联网和云计算”，就是美国要作为新一轮 IT 技术革命的“领头羊”的证明。欧盟发展物联网先于美国，并围绕物联网技术和应用作了不少创新性工作，比如在胶带机上安装安全光幕，实现对无关人员进入危险区域的检测及报警等，部分应用了传感器智能检测技术，但是尚未提出并研制基于物联网技术的一整套胶带机运输智能化管控系统。

二、我国胶带运输自动化研究进展

我国对于胶带运输自动化研究起步较晚。我国在矿用胶带运输系统设计方面不仅实现了自主研发，而且在功率、运载量和输送距离等方面的规模都越来越大。但是，我国矿用胶带运输机普遍存在“大马拉小车”的情况，胶带运输机的运行速度多以恒速为主，而且总是以最大额定速度运行。当载重变化时，带速不能随着载重等进行调节，经常会出现低载高速甚至空载高速的情况，最终导致胶带运输的实际工作效率只有40%左右，系统成本比较高，运行的安全性、可靠性较差，保护功能与精度较低，难以完全满足矿山生产的需要。

我国冶金矿山的科技工作者根据国内外胶带自动化连续运输的发展，相继为各大型冶金露天矿山的开采研究和设计了各类型的间断—连续自动化运输工艺系统，并投入了生产应用。

亚洲最大的冶金露天铁矿，鞍钢齐大山铁矿扩建工程中的岩石运排系统，是我国金属露天矿唯一以胶带运输为主要运输方式的间断—连续自动化运输系统。其主要技术参数为矿石设计规模1700万吨/年，矿用自卸汽车载重量154t，胶带总长度2500m，胶带段数3段，胶带带宽1600mm，带速4m/s，胶带的小时生产能力为5968t。这套胶带自动化连续运输系统的建成和成功运营，标志着我国金属露天矿山以胶带运输为基础的间断—连续自动化运输工艺技术已达到了国际先进水平。

三、胶带运输自动化系统的生成

（一）胶带运输自动化系统的特点

该系统最大的特点就是核心元件功能强、价格低、体积小，有着良好的网络与通信功能，适用于简单的控制环境，也适用于复杂的自动监测、检测以及控制系统，应用面非常广；并且有着很强的现场实用性，可以在集中、就地的控制箱上实行设备运行参数的控制，并且支持在线热拔插，处理数据的速度比较快；可以实现双向的语音通信以及信号传输，安全、方便、快捷；有强大的组网功能，基于工业以太网实现矿井综合自动化；其所具备的CPU智能诊断功能还可以实现设备语音报警的功能；还设置了危险区域人员保护；最后为了有效保护重要技术等机密，还设置了口令保护功能；等等。

对于传统的胶带运输机来讲，其控制主要通过控制器来完成，其中，相关监测、监控以及保护等功能主要包括温度保护、防滑保护、自动洒水保护等，同时监控、监测子系统在每条胶带中均有单独设置。此外，各胶带间无有效的连接，所以彼此之间无法进行统一的控制，例如统一启停、集中管理等。

随着自动化控制技术水平的提升，将其引入至煤矿井下胶带运输机中后，可以以此来建立以矿井工业环网为基础的数据传输平台，并可将各控制站与系统进行妥善连接，从而使得各设备之间数据的传输工作得以实现，并且自动化平台可以实时收集各系统间的数据信息，以便在自动化平台中实现数据的存储以及共享等工作，有助于自动化控制的实现。此外，在自动化系统的帮助下，可将各胶带之间进行有效的连接与互通，使之更具整体化，并且数据、视频以及音频等可以实现一体化，有助于提升系统的可靠性与稳定性，同时可因此缩减工作岗位，提升胶带输送机的运行效率，对企业经济效益的提升有帮助作用。

（二）系统的生成

该系统的基本设计思路是实现现场胶带运输系统的自动控制，也就是说，系统的控制器在无人参与的情况下，自动地按照操作员的预定要求对设备或者生产过程进行控制，以保证其处在一定的状态或者具备相应的性能。

（1）控制中心。控制中心设置在调度指挥控制中心，通过工作站和工业电视对胶带及相关设施进行集中控制和监视。

（2）网络结构。监控分站实现胶带及相关设备的实时控制及信号采集，与现场原有主机通信，接入矿井工业控制环网，和地面调度指挥中心的控制中心工作站连接通信，实现远程集中控制。

（3）控制器。主斜井口监控站为主煤流运输自动化系统的控制与通信的核心，完成各分站监控信息与地面控制中心的信息交互传送；同时，通过集控操作台的显示屏为现场操作人员提供整个系统的运行工况，必要时可由主控站在井下直接完成对胶带系统的集控。

（三）系统的功能

1. 系统的运行功能

第一，集中自动运行功能。当来自主站的启车、停车指令传达至系统时，系统自动按照启车、运行、连锁、保护以及停车等顺序，对全过程进行监测和控制。正常启车可以实现逆煤流方向设备的逐台闭锁，顺序启车延时；而正常停车则可以实现顺煤流方向设备的逐台闭锁，顺序停车延时。这种工作方式是正常生产时最主要的功能方式。第二，单机自动运行功能。根据现场的生产需求，发出启车、停车指令，仍保留集中自动运行的全部功能，并同时向煤流监控系统主站传送信息，从而单机自动运行功能就得以实现。这种工作方式同样可以作为正常的生产功能方式。第三，单机手动运行功能。这个功能是为了使现场设备可以就地操作控制箱，实现手动人工操作。第四，检修功能。该功能是通过键盘修改参数或者程序，主要在检修操作时应用，无须闭锁。

2. 系统的保护功能

系统保护功能按照相关的胶带运行规程以及实际的运行条件要求，针对系统控制的每部胶带输送机都设计出不同的保护功能，其具体包括跑偏保护、急停保护、堆煤保护、温度保护、烟雾保护、自动洒水装置以及打滑保护等功能；主回路则具备了欠压、断相、过载以及短路等保护功能；并且对主电机的电流、电压、速度、温度以及给煤机和制动闸均进行实时的保护与监控。

3. 检测功能

监测的模拟量包括：胶带机速度、电机工作电流、电机工作电压、温度、胶带速度。监测的数字量包括：胶带机启动柜接触器状态、急停传感器状态、跑偏传感器状态、烟雾传感器状态、堆煤传感器状态、撕裂传感器状态，系统集控 / 就地 / 检修 / 工作模式。

检测运输系统设备整体的运行状态，并利用鼠标切换系统中的胶带输送机，显示出每部胶带输送机的故障信息、运行状态、温度、电压以及电流等实时信息，再用图表的形式直观地显示出系统的实时运行状况、仓储情况以及当前产量等信息。一旦出现模拟量超限或者设备故障，网络管理以及生产则同步显示出故障设备的信息，并具备报警及打印故障等功能。

4. 控制功能

（1）就地检修控制。当日常检修或故障处理以及特殊需要时，操作人员可分别在主煤流系统内各条胶带头通过控制分站启停按钮控制胶带的启停。

（2）就地集中控制。在主井底胶带输送机机头，通过集中控制操作台，选择及设定控制流程，实现对主煤流系统内设备就地集中控制，通过 10 寸显示屏了解系统内实时情况，操作台可一键启停，也可单个设备控制启停，同时可投入/切除部分保护或闭锁关系，能够通过操作台实现系统配置参数实时调整，满足系统运行要求。

（3）远程手动控制。在这种方式下，操作人员只需在地面控制中心操作键盘或鼠标，控制主煤流系统内各部胶带的启停以及故障解除等，并且通过计算机语音系统发布开车提示命令。这种情况下，系统设备会根据闭锁关系响应操作人员操作。

（4）远程自动控制。在这种方式下，操作人员只需在地面控制中心操作键盘或鼠标选择系统启停流程，可实现系统的一键顺/逆煤流启停，主煤流系统内各设备之间设定闭锁关系，前后级设备之间设定连锁控制。主煤流自动化控制系统与综采工作面巷道胶带输送机之间设定闭锁关系，因巷道胶带一直保持延伸状态，东、西翼胶带输送机与巷道胶带之间闭锁及启停时间间隔方面需考虑自动调整或可人为在监控界面内设定。

5. 通信功能

（1）东、西翼胶带输送机机头安装控制站与主机进行实时通信，读取数据，就近接入控制系统专网，与地面控制主站进行通信。

（2）主井底胶带输送机机头安装控制主站与主机进行实时通信，读取数据，就近接入控制系统专网，同时与集中控制操作台保持通信。

（3）原煤线胶带输送机安装控制站完成原煤线胶带输送机控制，与主机进行实时通信，读取数据，与控制主站进行通信。

（4）在综采工作面巷道胶带输送机机头增加矿用接入网关采集胶带及运行状态，与东、西翼胶带输送机监控分站进行实时通信，作为判断东、西翼胶带输送机启停依据。

（5）在原煤线胶带增加矿用本安型显示控制箱，与原煤线控制站相连，完成原煤线胶带输送机就地控制。

6. 语言预警功能

通过整合可以实现对设备保护的关联，该项目中关联原煤线胶带输送机、主井底胶带输送机、东翼胶带输送机、西翼胶带输送机的天津华宁话机，实现整体广播、系统预警等。

7. 故障诊断功能

当传感器、通信线路发生故障时，系统能自动侦测到，进行故障定位，并进行报警。

8. 经济效益

（1）减岗效益。主煤流胶带运输自动化系统改造项目依靠自动化技术，真正实现了井下现场的无人值守，能减少主煤流运输系统岗位，生产效率大幅提高。

（2）节能效益。胶带自动化系统改造完成后，由于实现优化调度、集中控制，减少了设备空运时间，提高了运行效率，降低电耗。以矿井胶带自动化系统为例进行计算分析，改造后将现有的集中控制运输系统，按照顺煤流程序开车，将减少胶带机空载运行时间用电费用。

将自动化控制系统引入到煤矿井下胶带运输机中后，极大地拓展了胶带运输机的功能，并且在提升煤炭资源运输效率的同时，为煤炭企业降低了人员成本的支出；在安全生产运输系统的帮助下，胶带运输机工作的可靠性与安全性得到了提升，对于提升煤炭企业的经济效益有着重要作用。

3

第三章 采矿工艺

第一节　采矿方法

一、采矿方法的概念

所谓采矿方法，就是指从矿块（或采区）中采出矿石的方法。它包括采准、切割和回采三项工作。采准工作是按照矿块构成要素的尺寸来布置的，为矿块回采解决行人、运搬矿石、运送设备材料、通风及通信等问题。切割则为回采创造必要的自由面和落矿空。等这两项工作完成后，再直接进行大面积的回采。这三项工作都是在一定的时间与空间内进行的，把这三项工作联系起来，并依次在时间与空间上做有机配合，这一工作总称为采矿方法。

采矿方法与回采方法的概念是不同的。在采矿方法中，完成落矿、矿石运搬和地压管理三项主要作业的具体工艺，以及它们相互之间在时间与空间上的配合关系，称为回采方法。开采技术条件不同，回采方法也不相同。矿块的开采技术条件在采用何种回采工艺中起决定性作用，所以回采方法实质上成了采矿方法的核心内容，由它来反映采矿方法的基本特征。采矿方法通常以它来命名，并由它来确定矿块的采准、切割方法和采准切割巷道的具体布置。

在采矿方法中，有时常将矿块划分成矿房与矿柱，分两步骤回采，先采矿房，后采矿柱，采矿房时由周围矿柱支撑开采空间，这种形式的采矿方法称为房式采矿法，以区别于不分矿房、矿柱，整个矿块作一次采完的矿块式采矿法。在条件有利时，矿块也可不分矿房、矿柱，而回采工作是沿走向全长，或沿倾斜（逆倾斜）连续全面推进，则成了全面式回采采矿法。

二、采矿方法的分类

（一）采矿方法分类的目的

由于金属矿床的赋存条件十分复杂，矿石与围岩的性质又变化不定，加之随科学技术的发展，新的设备和材料不断涌现，新的工艺日趋完善，一些旧的效率低、劳动强度大的采矿方法被相应淘汰，而在实践中又创新出各种各样与具体矿床赋存条件相适应的采矿方法，故目前存在的采矿方法种类繁多、形态复杂。这些采矿方法尽管有其各自的特征，但彼此之间也存在着一定的共性。

为了便于认识每种采矿方法的实质，掌握其内在规律及共性，以便通过研究进一步寻求更加科学、更趋合理的新的采矿方法，需对现已应用的种类繁多的采矿方法进行分类。

采矿方法的选择不仅取决于矿体赋存自然条件，而且取决于开采技术水平和社会经济条件。严格来讲，没有任何一个矿山的开采条件与另一个矿山完全相同，所以也就没有任何两座矿山的采矿方法彼此完全相同。有的采矿学者认为，有多少矿山就有多少种（或更多）采矿方法。在一定条件下（含时间），一个具体矿山（或矿块）只有一种采矿方法是最优的或最成功的，不存在一种万能的永远不变的适用于一切矿山的最优采矿方法。对采矿方法的优劣评价，不可忽视其适用条件。但是，也必须承认在浩瀚的难以准确计数的采矿方法中，也必然具有共同特征，每种采矿方法都是世界范围的采矿者在采矿实践中所认识和总结的规律。学习采矿方法的目的就是通过学习，借鉴前人创造的采矿方法，根据面临矿体的实际开采条件，科学能动地设计新的采矿方法。学习的目的绝不是根据已有的采矿方法适用条件，去生搬硬套用于开采新矿体。

采矿方法分类的目的就是在浩繁的采矿方法中，将一些应用较广的主要采矿方法，根据其共性进行归纳，以便于人们学习和掌握前人总结的采矿方法、科学规律，正确地选择和设计采矿方法。

（二）采矿方法分类的要求

（1）分类应能反映出每类采矿方法的最主要的特征，类别之间界限清楚。

（2）分类应该简单明了，不宜烦琐庞杂，目前正在采用的采矿方法必须逐一列入，明显落后趋于淘汰的采矿方法则应从中删去。

（3）分类应能反映出每类采矿方法的实质和共同的适用条件，以作为选择和研究采矿方法的基础。

（4）既利于分类进行学习，又不被分类所局限而影响创新，有利于认识原有的采矿方法并创造新的采矿方法。

（三）采矿方法分类的依据

目前，采矿方法分类的方法很多，各有其取用的根据，一般以回采过程中采区的地压管理方法作为依据。采区的地压管理方法实质上是基于矿石和围岩的物理力学性质，而矿石和围岩的物理力学性质又往往是导致各类采矿方法在适用条件、结构参数、采切布置、回采方法以及主要技术经济指标上有所差别的主要因素。因此按这样分类，既能准确反映出各类采矿方法的最主要特征，又能明确划定各类采矿方法之间的根本界限，对于进行采矿方法的比较、选择、评价与改进也十分方便。

（四）采矿方法分类的特征

根据采区地压管理方法，可将现有的采矿方法分为三大类。每一大类采矿方法中又按方法的结构特点、回采工作面的形式、落矿方式等进行分组与分法。

表 3–1 即为按上述依据划分的金属矿床地下采矿方法分类。

表 3-1　金属矿床地下采矿方法分类

类别	回采期间采空场填充状态	组别
Ⅰ. 空场采矿法	空场	1. 房柱采矿法 2. 全面采矿法 3. 分段采矿法 4. 阶段矿房采矿法 5. 留矿采矿法 6. 无矿柱的留矿采矿法
Ⅱ. 充填采矿法	充填料	1. 单层充填采矿法 2. 上向分层充填采矿法 3. 下向分层充填采矿法 4. 下向进路充填采矿法
Ⅲ. 崩落采矿法	崩落围岩	1. 单层崩落采矿法 2. 分层崩落采矿法 3. 有底柱分段崩落采矿法 4. 有底柱阶段崩落采矿法 5. 无底柱分段崩落采矿法

如上分类体现了采矿方法在处理回采空区时的方法不同，反映了采矿方法对矿体倾角、厚度、矿石与围岩稳固性的适应性，也反映了每类采矿方法之间生产能力等的变化规律，并且有利于不同采矿方法之间的相互借鉴。

三大类主要采矿方法的界限是这样划定的：

（1）空场采矿法。通常是将矿块划分为矿房与矿柱，分两步骤回采。该类采矿方法随着回采工作面的推进，采空场中无任何填充物而处于空场状态，采空场的地压控制与支撑是借助临时矿柱或永久矿柱，或依靠围岩自身稳固性。显然，这类采矿方法一般只适用于开采矿岩稳固的矿体。即使矿房采用留矿采矿，因留矿不能作为支撑空场的主要手段，仍需依靠矿岩自身的稳固性来支持。所以用这类方法，矿石与围岩均要稳固是其基本条件。

（2）充填采矿法。此类方法矿块一般也分矿房与矿柱，分两步骤回采：也可不分房柱，连续回采矿块。矿石性质稳固时，可作上向回采，稳固性差的可作下向回采。回采过程中，空区及时用充填料充填，以它来作为地压管理的主要手段（当用两步骤回采时，采第二步骤矿柱需用矿房的充填体来支撑）。因此，矿岩稳固或不稳固均可作为采用本类方法的基本条件。

（3）崩采矿落法。此类方法不同于其他方法的是，矿块按一个步骤回采。随回采工作面自上向下推进，用崩落围岩的方法处理采空区。围岩崩落以后，势必引起一定范围内的地表塌陷。因此，围岩能够崩落，地表允许塌陷，乃是使用本类方法的基本条件。

值得指出的是，随着对采矿方法的深入研究，现实生产中已陆续应用跨越类别之间的组合式采矿方法。如空场采矿法与崩落采矿法相结合的分段矿房崩落组合式采矿法、阶段矿房崩落组合式采矿法、空场采矿法与充填采矿法相结合的分段空场充填组合式采矿法等。这些组合式采矿法在分类中还体现得不够完善。采用这些组合方法，能够汲取各自方法的优点，摒弃各自方法的缺点，起到扬长避短的作用，并且在适用条件方面加以扩大。组合式采矿方法的这种趋向，有利于发展更多、更加新颖的采矿方法。

此外，采用两个步骤回采的采矿方法时，第二步骤矿柱的回采方法应该与第一步骤矿房的回采方法作通盘考虑。第二步骤回采矿柱，受矿柱自身条件的限制，以及相邻矿房采出后的空区状态、回采间隔时间等影响，使采柱工作变得更为复杂，但其回采的基本方法，仍不外乎上述三类。

第二节　采准切割工程

一、采切工程的划分

采准工程与切割工程可简称采切工程。采准、切割巷道的布置方式分别称采准方法与切割方法，简称采切方法。

为获得采准矿量，在开拓矿量的基础上，按不同采矿方法工艺的要求掘进的各类井巷工程，叫作采准工程。采准工程的任务是划分矿块（采区）及形成矿块（采区）内的矿石运搬、人行、通风、材料运送等。采准巷道按其作用不同分为阶段运输巷道、穿脉运输巷道、天井（上山）、人行材料天井、通风巷道、电耙道、采场溜井、采场充填井、凿岩井巷等。应当指出，多数阶段运输巷道本属开拓工程，但由于它与采矿方法所规定的采准工程关系极为密切，为便于研究，将其纳入采准工程范畴。

为获得备采矿量，在采准矿量的基础上，按不同采矿方法的规定，在回采作业之前所必须完成的井巷工程，称为切割工程。切割工程的任务是：为大量开采矿石，用掘进的手段开辟回采的最初工作面和补偿空间，如切割天井、切割上山、切割平巷、拉底巷道、切割槽、漏斗等。

采准、切割工程的划分各矿山并不统一，可根据矿山的实际情况进行划分，并将采准、切割工程的费用都打入生产成本。

二、采准工程

（一）脉内采准与脉外采准

按采准巷道与矿体的相对位置，采准方法分为脉内采准与脉外采准两种。

脉内采准在掘进过程中可以得到副产矿石，矿体疏水效果好，并可起补充探矿的作用。但矿体较薄且产状变化大时，巷道难以保持平直，给铺轨及运输带来不便，此外矿石不稳固时，采场地压大，巷道维护工作量大。脉外采准虽然无副产矿石，矿体疏水效果也差，但它可以使矿块的顶底柱尺寸达到最小，并有可能及时回收，巷道维护费用低，通风条件好，且开采有自燃性矿石时易封闭火区。

一般厚矿体多用脉外采准，薄矿体多用脉内采准。

（二）阶段运输平巷的布置形式

阶段运输平巷的布置必须与矿块、阶段的生产能力及采矿方法的要求相适应。运输平巷若兼作下阶段的回风巷道时，应布置在下阶段矿体所圈定的岩石移动范围之外。

1. 沿脉单线有错车道布置

这种布置形式适用于中、小型矿山。矿体较规则、采用充填法回采或因矿体薄而不回收阶段矿柱时，采用脉内布置；当矿体变化大或矿柱需回收时，可采用脉外布置，也可根据矿体变化情况采用脉内外联合布置。

这种布置可适应年产矿石 20 ~ 30 万吨的矿井要求。在薄或极薄矿体中布置阶段运输平巷，应考虑有利于装车、探矿及巷道维护。当矿脉为急倾斜时，可使矿脉在平巷断面的中间或一侧。缓倾斜矿体，可使矿体位于平巷断面的中间或者位于顶板、底板附近。

矿体产状变化大时，为便于探矿，可使矿脉位于巷道中间。巷道服务年限较长，两盘岩石稳固性不一时，巷道应布置在较稳固的岩石中。

2. 穿脉或沿脉尽头式布置

这种布置适用于大中型矿山，特别是对双机车牵引的矿山最为有利。矿体不规则时，使用穿脉巷道利于探矿，且掘进时受外界干扰少。矿体规整时，沿脉巷道布置较穿脉巷道布置工程量小；但矿体不稳固时，维护比脉巷道困难。开采易燃矿石，使用穿脉布置易封闭火区，地面有泥浆从采空区下井的矿山，穿脉巷道布置可减少泥浆对沿脉巷道污染的机会。这种布置的年生产能力为 60 ~ 150 万吨。

3. 脉内外环形布置

这种布置适用于厚大矿体或平行多条矿脉、生产能力大的矿井。一般采用单线环形布置，当生产能力很大时（8×10^6 ~ 10×10^6t/a），可采用双线环形布置。如果开采缓倾斜厚矿体，其中一条沿脉平巷可布置在靠近上盘的矿体内。脉内外环形布置在我国大型矿井中使用广泛。

穿脉巷道既是装车线，又是空、重车线的连接线，空、重车线分别布置在两条沿脉巷中，各条巷道均无反向运输。这种布置的年生产能力可达 100 万吨以上。

4. 脉外环形布置

这种布置，环形巷道全在脉外，适用于倾角不大的中厚矿体开采，采场溜井布置在靠近下盘的沿脉运输巷道内，两沿脉巷道之间的联络道可环形连接，也可折返连接。装车线、行车线分别布置在两条沿脉巷道内，互不干扰，安全、方便，与双线单巷相比，巷道断面小，便于维护。缺点是掘进工程量大。

5. 无轨装运设备运输巷道布置

采用无轨自行设备运输时，采场爆落矿石直接落到装矿短巷底板上，装矿短巷的底板高程与阶段运输巷道相同。多数情况下，装运设备自行装载矿石后沿运输巷道将矿石运卸入溜井中。视矿体厚度不同，装矿短巷可以从沿脉运输巷道开掘，也可以从穿脉运输巷道开掘。装矿短巷可集中布置于运输巷道的一侧，也可交错布置于运输巷道两侧。

运输巷道轴线与装矿短巷轴线之间夹角一般为 45° ~ 90° 。装矿短巷的长度不小于无轨设备的长度。卸矿溜井间距取决于设备的合理运距及矿块的生产能力。

（三）采准天井（上山）

采准天井（上山）的作用是：划分开采单元；将阶段（盘区）运输巷道与回采工作面连通，供人行、运送材料、设备及充填料；通风及溜放矿石；为掘进分段、分层巷道、凿岩硐室形成通道；为开切割立槽形成补偿空间；等等。

1. 对采准天井的要求

采准天井的布置应满足以下要求：

（1）使用安全，与回采工作面联系方便；

（2）具有良好的通风条件；

（3）便于矿石下放和人员、材料、设备进入工作面，有利于其他采切巷道的施工；

（4）巷道工程量小，维修费用低；

（5）有利于探采结合，并与所选用的采矿方法相适应。

2. 布置形式

按照天井与矿体的关系，有脉内天井与脉外天井之分。脉内天井按其与回采空间联系方式不同，又有四种布置形式。天井在间柱内，通过天井联络道与矿房连通；天井在矿块中央，随着回采工作面向上推进天井逐渐消失，若要保持天井，需重新进行支护，架设台板与梯子；天井在矿块中央或两侧，随着工作面的回采，天井逐渐消失，若需保留，则在充填料或留矿堆中用混凝土预制件或横撑支柱逐渐重新架设，形成新的顺路天井。

根据天井用途确定其断面尺寸及是否合格。除专用天井外，一般采场天井分为 2 ~ 3 格，一格用于人行和通风，其断面尺寸根据梯子布置方式与通风要求决定，另外 1 ~ 2 格用于运送材料、设备及放矿。

3. 天井的施工方法

目前，掘进天井的方法有普通掘进法、吊罐法、爬罐法、钻进法和深孔分段爆破法。

在微倾斜、缓倾斜矿体的采准切割工程中，逆矿体倾向或伪倾向、由下而上掘进的倾斜巷道称为“上山”，其布置形式及对布置的要求与天井相似。

（四）斜坡道采准

使用无轨自行设备的矿山，建立阶段运输水平与分段、分层工作面之间联络的方法有两种：一种是采用专门的大断面天井，另一种就是用斜坡道来联系。用斜坡道来联系的采准方式称斜坡道采准。斜坡道采准虽然掘进工作量大，但与大断面专用设备井的采准相比，设备运行调度、人员进出采场、材料设备运送等均较方便，且劳动条件大为改善。因此，国内外使用无轨自行设备的矿山，大多采用斜坡道采准。

采准斜坡道只为一个或几个矿块服务，为整个阶段服务的斜坡道则属于开拓范畴。

斜坡道采准包括采准斜坡道与采准平巷两部分。此外，用来为无轨采矿服务的各种井巷（如溜井、联络道等）和硐室（如机修硐室等）也属于斜坡道采准工程。采准平巷一般包括阶段平巷、分段平巷、分层平巷及其与采场、溜井和斜坡道之间的各种联络平巷。

1. 采准斜坡道的布置形式

（1）按斜坡道的线路形式分为直进式、折返式与螺旋式三种。当矿体长度较大，而阶段高度较小时，可采用直进式斜坡道。直进式斜坡道在阶段间不折返、不转弯，在不同的高程用联络道与回采工作面连通。斜坡道连通各分段巷道，阶段之间用多次折返斜巷相连。

（2）按采准斜坡道与矿体之间的关系分为下盘斜坡道、上盘斜坡道、端部斜坡道与脉内斜坡道四种。

下盘斜坡道适合于使用各种采矿方法的倾斜、急倾斜、各种厚度的矿体。优点是斜坡道离矿体近，斜坡道不易受岩石移动威胁，采准工程量小，故常为矿山使用。上盘斜坡道适用于矿体下盘岩石不稳固而走向又长的急倾斜矿体，矿山使用不多。端部斜坡道适用于矿体上、下盘均不稳固、走向不长、端部岩石稳固的厚大矿体。矿体内斜坡道一般用于开采水平、微倾斜、缓倾斜矿体，矿岩均稳固的矿山，也可将部分斜坡道布置在充填体上。

2. 斜坡道采准巷道断面及线路坡度

无轨自行设备采准巷道断面与巷道的用途有关，一般运输兼人行巷道断面最大，回采巷道断面最小。

曲线巷道应设置曲线超高段，超高的横向坡度可在 2% ~ 6% 范围内选取。曲线巷道还应加宽，加宽值可在 0.4 ~ 0.7m 范围内选取。转弯巷道的曲率半径取决于巷道的用途及无轨设备的技术规格，取值范围为 10 ~ 80m。斜坡道的纵向坡度对设备使用效益也有很大影响，坡度大可缩短巷道长度，减少掘进费与时间。但坡度大会导致生产费用的大幅升高，燃油消耗多，内燃机功率与重量都需加大，通风费用也要增加。生产中可按表 3–2 选取斜坡道的纵向坡度值。路面质量是影响井下无轨自行设备经济效益最突出的因素，因为它直接关系到行驶速度、轮胎磨损、燃料消耗及维修费等。同时，在无轨自行设备运行的巷道中，一定要加强照明，特别是巷道交叉处及有较大危险的地段。

表 3-2　斜坡道纵向坡度值

正常坡度值		短距离极限坡度值 /（°）
（°）	‰	
1	17	4
6	105	8
8	141	10
10	176	12
12	213	15

三、切割工程

切割工作的任务是为回采创造爆破的自由面、为回采凿岩创造工作面、为回采爆破创造补偿空间。回采工作需要完成的切割工程有拉底、扩漏（辟漏）、切割槽。

（一）拉底空间

一般采用矿房式两步骤回采的采矿方法的矿块，为回采创造自由面和工作面，以及为回采创造最初的补偿空间，一般在矿房的最下面需形成拉底空间。拉底空间的形成方法一般是掘进拉底巷道和拉底横巷，在此基础上开凿水平平行孔来形成。

（二）扩漏（辟漏）

在采用漏斗受矿底部结构的采矿方法中，为形成漏斗而完成的工作叫扩漏(辟漏)。矿房崩落的矿石依靠重力运搬到漏斗内，而后依靠重力或机械完成矿石的运搬任务。扩漏一般是在需要形成漏斗的空间首先开掘漏斗颈，而后以漏斗颈为自由面打束状炮孔完成扩漏工作。

（三）切割槽

在采用中深孔、深孔落矿的采矿方法中或采用堑沟、平底受矿的底部结构中，为创造初始回采的自由面和补偿空间及形成受矿空间，均需开掘切割槽。切割槽的形成一般是在切割槽内掘进切割天井、切割横巷、凿岩巷道、堑沟巷道等工程，而后借助这些工程形成切割槽。

各种切割工程的开挖形式、形成方法都与各种采矿方法密切相关，相应切割工程的施工方法与相应的采矿方法一同研究。

切割工程为获得备采矿量，在采准矿量的基础上，按不同采矿方法的要求，在回采作业之前为大量开采矿石而用掘进的手段开辟的回采最初工作面，如切割天井、切割上山、切割平巷、拉底巷道以及扩切割槽、扩漏等，同时，这些工程还为大量回采时的爆破提供了补偿空间。

切割工程与采矿方法关系密切，各种切割工程的切割方法将结合具体的采矿方法讨论。

四、采切比与采掘比计算

（一）计算的目的与原则

矿山采出矿石量一般由矿房采出矿石量、矿柱采出矿石量、掘进副产矿石量三部分组成。为贯彻“采掘并举，掘进先行”的矿山生产技术方针，使矿山按计划有步骤地协调生产，各矿山每年都要提前制订下一年度的采掘进度计划。

由于矿山生产的复杂性、多变性，各矿山都是按照本矿山标准矿块的采切比及标准矿块所不包括的其他掘进量来计算下一年度的切割、采准、开拓、措施、生产勘探、地质勘探工程量的，并据此计算出掘进工作面数、队组数、所需人员数、设备材料需要量及动力消耗指标等。所以，采切比、采掘比是评价采矿方法的重要指标之一，也是确定和考核矿山生产能力、矿山人员编制、设备、材料及动力供应等的重要指标之一。

（二）采切比与采掘比的计算

矿山采出单位矿石所需分摊的采准、切割工程量称采切比。有的矿山还分别单独计算采准比与切割比。

矿山采出单位矿石所需分摊的掘进工程量称采掘比，掘进工程量不仅包括采切工程量，还包括矿山正常生产期间的开拓工程量、措施工程量、地质勘探工程量、生产勘探工程量等。显然，采掘比大于采切比。

采切比和采掘比的单位有两种，当采准、切割及掘进巷道的数量用长度来表示时，采切比与采掘比的单位为m/kt，用体积表示时为m^3/kt。由于各矿山所使用的巷道断面不同，采切比与采掘比的单位采用m^3/kt时便于比较。当千吨采切比、采掘比的数值很小时，有时也采用万吨采切比、采掘比来表示。

计算中若将每年采切总工程中的脉内与脉外部分分开，即可求得每年的副产矿石量与每年掘进的废石量。从年产量中扣除年副产矿石量，便可得出矿房、矿柱所应分摊的年产量，并据此确定每年需开辟的矿房、矿柱采场数，进而平衡矿山运输、提升能力等。

1. 计算内容

（1）矿房采出矿石量、矿柱采出矿石量、采切副产矿石量与矿块采出矿石量比；

（2）采切比与采掘比；

（3）采切废石量与采掘废石量比。

2. 计算所需资料

（1）所选定采矿方法标准矿块的图纸、矿房矿柱的构成要素、采准切割工程的布置、回采步骤等；

（2）采准、切割、回采（矿房与矿柱）各项工作的损失和贫化指标；

（3）矿房、矿柱的生产能力；

（4）各种采切巷道的断面尺寸、掘进速度及主要施工设备；

（5）开拓、措施、地探、生探工作量，阶段平面布置图等。

3. 计算方法

（1）采切工程量、采切比的计算方法。根据矿房（矿柱）的采矿方法标准设计图计算。

（2）采出矿石量、采出矿石量比的计算。

（3）采切废石量、采切废石量比的计算。

采切废石量用下式计算：

$$R=\sum V''\gamma K \tag{3-1}$$

式中：R——采切废石量，t；

$\sum V''$——采切工程中的掘进废石总量，m^3；

γ——废石容重，t/m^3。

计算结果应乘以系数 K 加以修正，K 的取值范围为 1.15 ~ 1.30。当矿体形态规整简单，勘探程度高，矿岩稳固的中厚以上，取小值，反之取大值。

采切废石量比用下式计算：

$$B=R/\sum T\times 100\% \tag{3-2}$$

式中：B——废石量比，%；

$\sum T$——采出矿石量，t。

（三）计算时应注意的几个问题

（1）矿山若采用矿房、矿柱两步骤回采的房式采矿法或同时使用两种及两种以上的采矿方法，应分别对矿房、矿柱及各种采矿方法进行计算。

（2）计算时应充分考虑矿山的实际具体条件。当矿床的埋藏条件多变时，施工技术难以在计算中反映出来，可按下列影响因素进行修正：

①施工中可能出现的部分废巷；

②由于断层多、矿床构造复杂，可能出现的未预计工程量；

③因为矿体走向、倾角、厚度发生变化，引起巷道长度增加；

④施工中必然出现的超挖。

第三节　回采的主要生产工艺

回采的主要生产工艺有落矿、矿石运搬和地压管理。

落矿又称为崩矿，是将矿石从矿体上分离下来，并破碎成适于运搬的块度。运搬是将矿石从落矿地点（工作面）运到阶段运输水平，这一工艺包括放矿、二次破碎和装载。地压管理是为了采矿而控制或利用地压所采取的相应措施。

通常，各种采矿方法均包含这三项工艺。但因矿石性质、矿体和围岩条件、所用设备及采矿方法结构等不同，这些工艺的特点并非完全相同。回采工艺对矿床开采的效益影响很大。三项工艺的费用占回采总费用的75%～90%，而回采费用又占整个矿石成本的35%～50%，采场的劳动消耗占全矿劳动消耗的40%～50%，矿石的损失率、贫化率也与回采工艺直接相关。但是，每一工艺所占回采总费用的比例在不同的采矿方法中是不同的，波动范围还很大。如开采坚硬的薄矿体（用浅孔留矿法），落矿工艺所占比例最大；在支柱充填法中，则地压管理工艺费用最大。

回采工艺之间的联系是非常密切的。例如，增加深孔间距，可以降低落矿费用，但矿石块度加大，放矿费用随之增加。又如，采用高效率的装载设备，不仅可以降低放矿和装载费用，而且可提高回采强度，降低地压管理费用。为了确保回采工作的安全，提高劳动生产率和采矿强度，降低矿石的损失与贫化，必须正确选择回采工艺方法，并从设备和工艺改革上提高三项主要工艺的技术水平。

一、落矿

（一）浅孔落矿

目前，我国地下矿山浅孔落矿仍占有近一半的比重。

浅孔凿岩一般采用轻型风动凿岩机。回采工作面浅孔布置。

1. 爆破参数

钎头直径范围为 30 ~ 46mm，少数为 51mm，最小抵抗线一般按钎头直径的 25 ~ 30 倍确定，也可用式（3-3）计算，一般为 0.5 ~ 1.6m，矿石坚固时取小值，炮孔深度一般小于 3 ~ 5m，多为平行排列。

$$W=d\sqrt{\frac{0.785\Delta K}{mq}} \tag{3-3}$$

式中：d——浅孔直径，dm；

Δ——装药密度，kg/m^3；

K——装药系数，0.6 ~ 0.85；

m——炮孔邻近系数；

q——炸药单耗，kg/m^3。

2. 凿岩机效率

常用凿岩设备有 YT-23、YT-24、YT-26、YT-27，YTP-26 和 YSP-45。根据机型不同、矿石硬度不同，凿岩机效率一般为 20 ~ 50m/（台·班）。

3. 每米浅孔落矿量

一般为 0.3 ~ 1.5m^3。当矿体不规则时采用浅孔，可以“精收细采”，尽可能地提高回收率，降低贫化率。但浅孔落矿特别是手持式凿岩，效率低，落矿量小，工作面安全卫生条件差。国外在缓倾斜矿体中，广泛采用轮胎式浅孔凿岩台车，不仅效率高【可达 400 ~ 500m/（工·班）】，且作业安全。

（二）中深孔落矿

1. 凿岩设备

由于重型风动凿岩机的改进、液压凿岩机及凿岩台车的应用，中深孔落矿目前已成为我国金属矿山劳动生产率最高的落矿方法之一。

我国金属矿山用于中深孔落矿（有的矿山称为接杆炮孔落矿）的凿岩机，主要有风动的内回转的 YG-40、YG-80 型和外回转的 YGZ-70、YGZ-90、YGZ-120 型。国产液压凿岩机有 YYG-80、TYYG-20 等型号。

2. 爆破参数

炮孔布置形式常用的有上向及水平扇形布置，但上向扇形居多。

钎头直径一般为 51 ~ 65mm，少数矿山采用 46mm 和 70mm。

在使用铵油炸药时，最小抵抗线一般为钎头直径的 23 ~ 30 倍，若装药密度或炸药威力较高，可适当加大。

一般在用 YG-80、YGZ-90 型凿岩机时孔深不大于 15m，采用更重型凿岩机、液压凿岩机可大于 15m，但凿岩速度显著下降。

孔底距一般为（0.85 ~ 1.2）W（W 为最小抵抗线长度），矿岩不坚固时取大值。近年来，有些矿山采用加大孔底距，减小最小抵抗线的交错排列布孔方式，取得了良好的落矿效果。

在扇形中深孔落矿装药时，应调整相邻炮孔装药深度，使炸药爆破能在不同部位尽可能均匀分布。装药合理时，扇形布孔可以基本达到平行布孔均匀装药的落矿效果。

3. 凿岩效率

中深孔凿岩机台班效率一般为 30 ~ 40m，台车凿岩可提高效率 25% ~ 30%。每米中深孔落矿量通常为 5 ~ 7t。

（三）深孔落矿

深孔落矿主要用于阶段矿房法、有底柱分段崩落法和阶段强制崩落法，以及矿柱回采与采空区处理等。目前，我国的深孔凿岩设备主要是潜孔凿岩机，常用的国产机型是 QZJ-80、YQ-100、QZJ-100A、QZJ-100B、KQD100 等。钻机台班效率一般为 10 ~ 18m，每米深孔崩矿量为 10 ~ 20t。

深孔凿岩在凿岩硐室内进行操作。水平深孔凿岩硐室最小尺寸为高 2m、宽 2.5m、长 3 ~ 3.5m。上向和下向深孔凿岩硐室尺寸为高 3 ~ 3.5m，宽大于 2.5m。

1. 深孔的落矿方式与深孔布置

深孔落矿方式有水平层落矿、垂直层落矿和倾斜层落矿，倾斜层落矿应用较少。落矿层的厚度范围为 3 ~ 15m，或更厚。每次落矿层厚取决于炮孔直径、炸药爆力和每层中深孔的排数。深孔的布置一般平行于落矿层的层面，也可垂直于落矿层层面。在落矿层内部深孔可平行布置、扇形布置或密集布置。密集深孔有扇形的，也有平行的。

平行布置中又可分为垂直深孔（上向或下向）、水平和倾斜深孔（上向和下向）。落矿层的面积取决于矿块的参数和钻机合理凿岩深度，也与矿岩接触带的变化有关。

深孔布置的各种形式，在实践中可以根据矿岩及采矿设备灵活应用。

2. 爆破参数

钎头直径一般为 80 ~ 120mm，常用 95 ~ 105mm。

目前尚没有计算最小抵抗线的理想的公式。对于平行深孔，最小抵抗线可采用体积计算公式。

$$W=d\sqrt{\frac{0.785\Delta\eta}{mq}} \tag{3-4}$$

式中：d——炮孔直径，m；

Δ——炮孔内装药密度，kg/m^3；

η——炮孔装药系数，孔深 5 ~ 50m 时，一般为 0.7 ~ 0.95；

m——炮孔邻近系数，当工作面与裂隙方向垂直时，m=0.8；当工作面与裂隙方向平行时，m=1 ~ 1.2；当矿石整体性好时，一般可取 m=1；

q——单位炸药消耗量，kg/m^3。

目前，国内矿山使用的深孔深度一般在 25m 以下，深孔落矿最小抵抗线一般为钎头直径的 25 ~ 35 倍。若用铵油炸药，以 30 倍以下为宜。

3. 凿岩与凿岩机效率

潜孔式深孔钻机台班效率一般为 10 ~ 18m，每米深孔崩矿量为 10 ~ 20t。影响潜孔钻机生产率的因素有以下几点：

（1）深孔倾角。上向或水平深孔的效率比下向稍高，因为上向孔排碴容易，岩碴的过粉碎量小。

（2）孔深。随着孔深加大，钻杆重量增加，也增加了钻杆在炮孔中运动的阻力，辅助作业也随之增加，效率下降。

（3）冲击器的回转速度。岩石不硬时，回转速度应当快，但超过一定限度，凿岩速度又开始下降。钻具的回转速度一般为 80 ~ 120r/min。

（4）水耗。经验表明，水量相对不大时（2 ~ 6L/min），凿岩速度快，增加供水量（达 10 ~ 14L/min），凿岩速度下降，但是随着水量的减小，粉尘浓度增加。

深孔落矿凿岩工劳动生产率高，劳动卫生条件好，潜孔钻机凿岩粉尘小，比中深孔落矿采切工程量小，落矿费用低。深孔落矿的缺点是矿石破碎不均匀，大块产出率高，地震效应很大，矿石损失和贫化大。

深孔落矿适用于矿石价值不高、赋存要素比较稳定的厚大矿体，最好能在抗震性能好的底部结构中采用大型装运设备。

（四）药室落矿

药室落矿崩矿效率高，但是需要的巷道（硐室）工程量大，容易产生大块，因此很少用于正常的矿房或矿柱回采，而多用于特殊情况下回采矿柱处理采空区。但在矿石极坚硬，深孔凿岩效率特别低，或者矿石非常松软破碎用炮孔落矿有困难，或缺乏深孔凿岩设备时，可考虑采用。这种方法在我国的弓长岭铁矿、杨家杖子钼矿曾经应用。

二、矿石运搬

运搬与运输的概念和任务不同，运输是指在阶段运输平巷中的矿石运送，而运搬则指将矿石从落矿地点运送到阶段运输巷道装载处。

矿石的运搬方法分为重力运搬、爆力运搬、机械运搬、水力运搬、人力运搬以及联合运搬等。例如，在开采急倾斜矿体时，矿石从崩落地点运到运输巷道装载处，通常要经过以下三个环节：

（1）矿石借自重从落矿地点下落到底部结构的二次破碎水平。

（2）在二次破碎水平进行二次破碎，然后用机械或自重运搬到装载处。

（3）在装载处经放矿闸门装入运输设备。

（一）重力运搬

重力运搬是一种效率高而成本低的运搬方式，是借助于矿石自重的运搬方法。重力运搬可以通过采空场，也可以通过矿石溜井。它必须具备的条件是，矿体溜放的倾角大于矿石的自然安息角。安息角的大小取决于矿石块度组成、有无粉矿和黏结物质、矿石湿度、矿石溜放面的粗糙程度与起伏情况等。重力运搬一般要求溜放倾角大于50° ~ 55° ，采用铁板溜槽时可降为25° ~ 30° 。

重力运搬适用于倾角大于矿石的自然安息角的薄矿体及各种倾角的厚大矿体。

（二）爆力运搬

采用房式采矿法开采倾角小于矿石自然安息角的矿体，矿石不能用重力运搬时，可借助于落矿时的爆力将矿石抛到放矿区。

为了提高矿石回收率，凿岩巷道应深入矿体底板 0.5m 以上。

爆力运搬的效果可用抛入重力放矿区的矿石量来衡量。影响矿石抛掷效果的主要因素是单位炸药消耗量、端壁的倾角和矿体的倾角。

现场经验表明，抛掷效果随矿体倾角和端壁倾角的加大而提高。爆力运搬落矿所需单位炸药消耗量大于正常落矿的单位炸药消耗，单位炸药消耗加大，爆力运搬距离加大。但炸药的增加有一定限度，如果增加过大，并不一定能达到提高抛掷效果的目的，因为药量加大会使碎块矿与粉矿增加，而碎粉矿的抛掷效果不好。

采用爆力运搬，可避免在矿体底板开大量漏斗，从而大幅减少采切工程量，工人不必进入采空区，作业安全。但矿体倾角不宜太小，一般要求在 35° ~ 40° ，矿房也不能太长，否则后期清理采场残留矿石的工作量太大。清理采场残留矿石一般采用遥控推土机或水枪。

（三）机械运搬

机械运搬适用于各种倾角的矿体，在国内外地下矿山广泛应用。

现在国内矿山常用的机械运搬方式有以下几点：

（1）电耙运搬。电耙运搬是我国目前使用最广的运搬方式，其投资少，操作简单，适用性强，由电耙绞车、耙斗和牵引钢绳组成。国产电耙绞车功率一般为 4 ~ 100kW，耙斗容积一般为 0.1 ~ 1.4m^3。

（2）装岩机运搬。常用设备有轨轮式电动或风动单斗装岩机，其需要在钢轨上运行，机动性受限。

（3）装运机运搬。常用轮胎式风动装运机，机动性好，运搬能力大。

（4）铲运机运搬。常见的有内燃铲运机和电动铲运机，铲斗容积为 0.75 ~ 3m^3，机动性好，运搬能力大。

（5）振动放矿机械及运输机运搬。这种运搬方式可实现连续运搬，能力大，但投资大，机动性差。

开采水平或缓倾斜矿体所用运搬机械与开采急倾斜矿体所用设备基本相同，但当矿体厚大和矿岩稳固时，设备规格更大，甚至接近露天型设备。

各种运搬机械使用情况参见底部结构和采矿方法部分的相关内容。

三、采场地压管理

在矿床地下开采中，采场地压管理是主要生产工艺之一。它的目的是防止开采工作空间的围岩失控发生大的移动而威胁生产安全。采场地压管理工作直接影响到矿山的生产安全、矿石成本、矿石损失贫化和矿山生产能力等方面。

（一）概念

在开采空间形成以前，可以认为在井田的小范围内，原岩体是连续的密实的，其内部应力（原岩应力）也是平衡的。采空区的形成破坏了原岩应力平衡，并产生次生应力场，围岩中会出现局部应力升高、降低、拉压应力的转变、三向应力状态的转变，其结果会产生裂隙张开闭合，从而出现顶板下沉和冒落、底板隆起、侧面片帮等现象，在矿井深部甚至可能发生岩石自爆。上述这些现象统称为矿山地压显现（或现象），在岩体坚固稳定的矿山地压显现可能不明显，在岩体松散不稳固的矿山，则地压显现会非常明显。由采矿引起的岩体内部应力变化称矿山地压。在地下采矿中为了安全和保持正常生产条件采取的一系列的控制地压的综合措施，称矿山地压管理。

从时间上可将矿山地压管理分为两个阶段：矿块回采阶段和大范围采空区形成后的阶段。前一阶段地压管理也称为采场地压管理，后一阶段抵押管理也称为采后空区地压管理。这两个阶段的地压管理是有区别的，但又是密切联系的。

采场地压管理比一般井下工程（如硐室、隧道、井巷）的地压管理复杂，主要是因采场开采空间大，采场尺寸不断变化，形状复杂，并且地压会随相邻采场的开采而发生变化，亦即在相当长时间内采场地压是处于“不断变化”状态。当然，对地下开采空间稳定性的要求，也不同于地下永久工程。采场地压只着重于采场回采期间开采空间的稳定性和地压控制。

一般来说，采场地压管理的任务有以下三个方面：

（1）正确认识不同采矿方法采场开采空间所承受的载荷及应力变化规律，为正确选择地压管理方法提供符合实际的地压理论或假说。

（2）从实际出发正确选择地压管理方法及其有关参数，保持一定时间内开采空间的稳固性。

（3）处理好矿块回采期间遇到的局部地压问题，如构造弱面（断层、破碎带）、溶洞、老洞等造成的特殊地压问题。

（二）采场地压假说

正确进行采场地压管理，必须要掌握地压显现的规律和理论。由于矿体和岩体的特殊性，地压理论的研究目前还不成熟，只能提出一些假说来解释地压现象。这些采场地压假说，实质上是对不同情况下采场围岩应力分布的规律及其变化所作的解释，主要说明不同开采空间围岩所承受的载荷情况。目前，常用的地压假说有拱形地压假说、支撑压力假说、覆岩总重假说、部分覆岩重量假说、滑动棱体假说和悬臂梁假说等。实践证明，上述地压假说在一定条件下，对正确进行采场地压管理均有其指导意义，但也有其局限性，不能全面概括实际影响地压的因素。所以正确进行采场地压管理，不仅应掌握采场地压假说，还要综合考虑影响采场地压的其他因素。

1. 拱形地压假说

拱形地压假说是 1908 年由 M.M. 普洛托基雅柯诺夫提出。

拱形假说适用于不稳固岩体。它将岩体视为松散介质，以散体力学为理论根据，认为如无支护，则在上部覆岩的压力下，松散的岩石将从开采空间的两帮和顶部向下冒落，两帮塌落成斜面，顶部冒落成自然平衡拱。如有支护，则作用在支护上的载荷仅只是冒落范围内的岩块重量，而与开采空间的埋藏的深度无关。

2. 支撑压力假说

支撑压力假说认为，开采空间正上方覆岩的重量由开采空间两侧围岩支撑，两侧围岩的应力比开挖前升高。升高后的应力称支撑应力，应力升高区的范围称压力支撑区（或支撑压力带）。

3. 覆岩总重假说

覆岩总重假说认为，在水平或缓倾斜矿体中开采空间内的矿柱或人工支撑物的载荷，是所支撑的开采空间上部直达地表全部覆岩重量的总和。

4. 部分覆岩重量假说

许多研究成果说明，开采空间所承受的载荷往往不等于开采空间上部整个覆岩的重量（包括水平矿体），而仅仅是其中的一部分，因为覆岩还受空区上方两侧覆岩的水平夹制力和连接力影响。

5. 滑动棱体假说

滑动棱体假说主要适用于急倾斜厚大矿体。它认为开采空间所承受的载荷（即房间矿柱的载荷），是其所支撑的顶板滑动棱体的下滑力。

6. 悬臂梁假说

悬臂梁假说认为，矿石采空后，回采工作面上部尚未崩落的岩石如同一个悬臂梁，梁的重量压在工作面的矿石上并形成支撑压力。显然悬臂梁的长度越长，支撑压力越大。为减小支撑压力，应及时崩落围岩（放顶），使梁的长度缩短。

4

第四章 空场采矿法

第一节　留矿采矿法

在矿房开采过程不用人工支撑中，充分利用矿石与围岩的自然支撑力，将矿石与围岩的暴露面积和暴露时间控制在其稳固程度所允许的安全范围内的采矿方法总称空场采矿法。

空场采矿法的特点是将矿块划分为矿房与矿柱，先采矿房，后采矿柱，开采矿房时用矿柱及围岩的自然支撑力进行地压管理，开采空间始终保持敞空状态。

矿柱视矿岩稳固程度、工艺需要与矿石价值可以回采，也可以作为永久损失。由于矿柱的开采条件与矿房有较大的差别，若回采则常用其他方法。为保证矿山生产的安全与持续，在矿柱回采之前或同时，应对矿房空区进行必要的处理。

显然，使用空场采矿法开采矿体的必要条件是矿石围岩均需稳固。

空场采矿法是生产效率较高而成本较低的采矿方法，在国内外的各类矿山得到了广泛的使用。

使用空场采矿法，必须正确地确定矿块结构尺寸和回采顺序，以利于采场地压管理及安全生产。

由于被开采矿体的倾角、厚度及开采方法不同，空场采矿法又分为留矿采矿法、房柱采矿法、全面采矿法、分段矿房采矿法、阶段矿房采矿法。

留矿采矿法的特征是在采场中由下向上逐层进行回采矿石，每层采下的矿石只放出约三分之一的矿量，其余的采下矿石暂留采场中作为继续上采的工作台，并可对采空场进行辅助支撑。待整个采场的矿石落矿完毕后，再将存留在采场内的矿石全部放出。

留矿采矿法是一种较为简单、经济、容易的采矿方法，在我国的冶金、有色、黄金、稀有金属及非金属矿山中得到广泛的使用。

留矿采矿法原则上虽可用于开采厚大矿体，但主要用于开采中厚及中厚以下矿体。

根据矿块布置方式及回采工艺不同，留矿采矿法可分为普通留矿法、无矿柱留矿法及倾斜矿体留矿法。

一、普通留矿法

普通留矿法是指留矿柱的浅孔落矿留矿法，普通留矿法多沿走向布置矿块。

（一）矿块构成要素

阶段高度一般为 30 ~ 60m，当矿石围岩稳固、矿体倾角大、产状稳定时，可采用较大的阶段高度。

矿块的长度一般为 40 ~ 60m，其值取决于矿岩的稳固程度及矿体的厚度。矿房的暴露面积一般可达 400 ~ 600m^2。

间柱的宽度根据矿岩稳固程度及矿体厚度、间柱回采方法等因素来确定，通常为 6 ~ 8m，当矿体较薄而且采用脉外天井时可取 2 ~ 3m。

顶柱高度一般为 4 ~ 6m，当矿体较薄时为 2 ~ 3m。

底柱高度取决于矿石稳固程度与底部结构的形式，漏斗放矿底部结构为 5 ~ 6m，电耙道及格筛巷道底部结构为 12 ~ 14m。

（二）采准切割

采准切割主要任务是掘进阶段运输平巷、矿块天井、联络道、拉底巷道及漏斗颈。

当矿体较薄时，可利用勘探时的脉内沿脉巷道作阶段运输巷道；矿体较厚时，应把阶段运输巷道布置在矿体下盘接触线上，以减少矿房开采中局部放矿后的平场工作量。当开采产状变化较大且不太稳固的贵重矿石时，为提高矿石回采率，减少坑道维护工作量，也可把阶段运输平巷布置在矿体的下盘脉外。矿块天井布置在间柱中。在天井的两侧每隔 5 ~ 6m 向矿房开联络道。当矿房不分梯段回采时，矿房两侧的联络道应交错布置。在阶段运输平巷的侧上方每隔 4 ~ 6m 掘进放矿漏斗颈。矿体较厚时，需在拉底水平掘进拉底巷道。

普通留矿法切割工作为拉底及扩漏。掘进拉底巷道的拉底扩漏法。首先在拉底水平从漏斗向两边掘进平巷，与相邻的斗颈贯通，形成拉底巷道。然后在拉底巷道中用水平浅孔向两侧扩帮至矿体上下盘，形成拉底空间。最后，由斗颈中向上或从拉底空间向下钻凿倾斜炮孔扩漏（扩喇叭口）。

不掘进拉底巷道的拉底扩漏法用于厚度不太大的矿体。

在运输平巷应开漏斗的一侧，按漏斗规格用向上式凿岩机开 40° ~ 50° 的第一茬炮孔。在第一茬炮孔的碴堆上钻凿第二茬约 70° 的炮孔，爆破后将全部矿石出完运走。架设漏斗口及工作台，继续开凿第三茬、第四茬炮孔，爆破后的矿石全由漏斗口放出，此时已形成高为 4 ~ 4.5m 的漏斗颈。自漏斗颈上部向四周打倾斜炮孔扩漏，使两相邻漏斗喇叭口扩大至相互连通，从而同时完成拉底及扩漏工作。

二、回采

矿房回采自下而上分层进行，分层高度为 2 ~ 2.5m，工作面多呈梯段布置，采用上向或水平浅孔落矿。

回采工作包括凿岩、爆破、通风、局部放矿、撬毛平场、二次破碎及整个矿房落矿完毕后的大量放矿。

（一）凿岩

凿岩在矿房内的留矿堆上进行。矿石稳固时，多用上向式凿岩机钻凿前倾 75° ~ 85° 的炮孔，孔深 1.5 ~ 1.8m。上向孔效率高，工作方便，单梯段也能多机作业，一次落矿量大，作业辅助时间少，梯段的长度可以是 10 ~ 15m。

（二）爆破

上向炮孔的排列形式，根据矿体厚度和矿岩分离的难易程度而定，炮孔排距为 1 ~ 1.2m，间距为 0.8 ~ 1m，常用的炮孔排列方式有一字形、之字形、平行排列、交错排列。

（1）一字形排列适用于矿岩易分离、矿石爆破效果好、厚 0.7m 以下的矿体；

（2）之字形排列适用于矿石爆破性较好、矿脉厚度 0.7 ~ 1.2m，这种布置能较好地控制采幅宽度；

（3）平行排列适用于矿石坚硬，矿体与围岩接触界线不明显或难于分离、厚度较大的矿体；

（4）交错排列用于矿石坚硬、厚度较大的矿体，崩下的矿石块度均匀，生产中使用很广泛。

当矿房中央有天井时，可利用天井作为爆破自由面，否则需在矿房长度的中央掏槽。但不应在矿房两侧联络道或顺路天井附近同时爆破，以免它们被爆下的矿石同时堵住而影响正常的作业。

当矿石的稳固性稍差时，为避免矿石可能发生片落而威胁凿岩工的安全，此时可用水平孔落矿，孔深 2 ~ 3m。为增加同时工作的凿岩机数，工作面分成多个梯段，梯段长度较小，一般为 2 ~ 4m，梯段高度为 1.5 ~ 2m。

爆破一般采用直径为 31mm 的铵油或硝铵炸药卷，单位炸药消耗量可根据矿山实际情况选取，最好使用微差导爆管起爆。

（三）通风

新鲜风流从上风向天井进风，清洗工作面后从下风向天井出风；或由两侧天井进风，清洗工作面后，由中央天井出风。

为防止风流短路，应在进风天井的上口、回风天井的下口设置风门。

（四）局部放矿

每次落矿爆破后，由于矿石体积膨胀，为保证工作面有 1.8 ~ 2m 的作业高度，必须放出本次爆破矿石体积约三分之一的矿石量，这个工作称局部放矿。局部放矿时，放矿工应与平场工紧密配合，在规定的漏斗中放出规定数量的矿石。

放矿中，应随时注意留矿堆表面的下降情况是否与放出矿量相适应，以减少平场工作量和及时发现并设法防止留矿堆内形成空洞。为保证工作的安全，发现空洞，必须及时处理。

（五）撬毛平场

局部放矿之后，确认留矿堆内无空洞时，就可进行撬毛平场工作。先对工作面喷雾洒水，然后敲帮问顶，撬除松动矿岩，将局部放矿所形成的凸凹不平矿堆扒平，为下次凿岩工作做好准备。

（六）二次破碎

二次破碎在工作面局部放矿后进行，平场撬毛的同时若发现大块，应及时用锤子或炸药破碎。应尽量避免在放矿口闸门处破碎大块，费工费时还易损坏闸门。

局部放矿时，严禁任何人员在放矿漏斗上部的留矿堆上作业。必须进入采场处理事故时，下部漏斗应停止放矿，并在留矿堆上铺设木板。

上述凿岩、爆破、通风、局部放矿、撬毛平场及二次破碎构成了一个回采工作循环。

一个分层的回采可以由一个或几个循环来完成。待矿房所有的分层全部落矿后，即可进行大量放矿，完成整个采场的开采。

三、其他留矿法

（一）无矿柱留矿采矿法

开采矿岩稳固、厚度在 2 ~ 3m 以内的高价矿体，为提高矿石的回采率，可使用无矿柱留矿采矿法。矿块沿走向布置，阶段高度 40 ~ 60m，矿块长度 10 ~ 100m。

采准切割比较简单。掘进沿脉运输平巷，矿块天井可以利用原有的探矿天井，也可在相邻矿块的回采过程中顺路架设，采场中部布置一个采准天井。天井的短边尺寸若大于矿体的厚度，为保持矿体上盘的完整，可将天井规格超过矿体厚度的部分放在下盘岩石中。

放矿漏斗可用混凝土浇灌而成，也可以用木料架设。

拉底方法如下：在阶段运输平巷中，向上沿矿脉打 1.8 ~ 2.2m 深的炮孔，爆破后在矿石堆上将第一分层的落矿炮孔打完后，将矿石装运出去，然后架设人工假巷及漏斗，并在其上铺些茅草之类的缓冲材料，接着爆破第一分层的炮孔。为防止损坏假巷及漏斗，第一分层的炮孔宜布密些、浅些、装药量少些。局部放矿及平场撬毛后，使工作面的作业空间高度为 1.8 ~ 2m，拉底工作即告完成。

回采工艺与普通留矿法相同，因为矿体薄，多用上向孔落矿，湘东钨矿南组矿脉为高中温裂隙充填，以钨为主的多金属急倾斜石英脉，矿石品位很高，脉厚从几厘米到 1m，平均 0.36m，矿脉倾角 68° ~ 80° ；围岩为花岗岩，节理不发育，稳固，f=10 ~ 14；矿石稳固，f=8 ~ 12。阶段高为 50m，矿块沿走向长 100m。

阶段运输平巷沿脉布置，采准天井规格为 3.6m × 1.2m，分行人、管道、提升和溜矿四格，布置于采场的一端；另一端天井顺路架设，规格为 2m ×（1.2 ~ 1.5）m，分行人和管道两格。

切割工作自运输平巷顶板开始，但木材消耗量大，如果改为混凝土浇灌，可减少木材消耗量。

回采采用不分梯段的直线形工作面，在采区中央拉槽作为爆破自由面。打前倾 75° ~ 85° 的上向眼，眼深 1.4 ~ 1.7m，眼距 0.6 ~ 0.8m。

（二）倾斜矿体留矿采矿法

矿体倾角较缓，矿石不能借自重在采场内运搬，此时可采用电耙耙矿留矿采矿法。

某锡矿为似层状矿床，厚 1 ~ 3m，平均为 1.05m，倾角 35° ~ 45° 。矿石稳固，f=10，品位高，有用成分分布均匀。顶板为稳固的石灰岩，f=8 ~ 10，矿体与顶板围岩接触明显。底板为砂岩和花岗岩，与矿体接触面平整。

阶段高 32m，斜高 56m，矿块长 40 ~ 60m，顶柱斜高 3 ~ 4m，底柱斜高 4 ~ 5m，间柱只在矿块的一侧保留，宽为 3 ~ 4m。

运输平巷脉内布置，矿块两侧布置天井并每隔 4 ~ 5m 开掘联络道通向矿房，在靠近未采矿块底柱的一侧开放矿漏斗。

矿房内用倾斜长工作面回采，用电耙平场和出矿，电耙绞车安装在天井联络道中。为保证采场的安全，在矿房适当位置留 1 ~ 2 个矿柱。

第二节　房柱采矿法

房柱采矿法是用于开采水平、微倾斜、缓倾斜矿体的采矿方法。它的特点是在划分采区（或盘区）和矿块的基础上，矿房与矿柱交替布置，回采矿房的同时留下规则的连续或不连续矿柱，用以支撑开采空间进行地压管理。

水平矿体使用房柱法，矿房的回采由采场的一侧向另一侧推进，缓倾斜矿体通常是由下向上逆矿体的倾向推进工作面，采下的矿石可用电耙、装运机、铲运机等设备运搬。矿块回采后留下的矿柱，一般不予回采，做永久性支撑。但开采高价矿或富矿时，有的矿山为提高矿石回采率，先留下了较大的连续矿柱，待矿房采完并充填后再回采矿柱。也有的矿山留下连续的条带状矿柱，待矿房采完后，后退式地切采部分矿柱。房柱采矿法是劳动生产率较高的采矿方法之一，在国内外的矿山使用广泛。目前，使用最多的是浅孔落矿房柱法，也有的矿山开始使用中孔落矿。随着无轨设备的大量使用，不少矿山已开始使用无轨设备深孔开采方案。

一、浅孔落矿、电耙运搬房柱法

（一）矿块构成要素

矿块沿矿体倾斜布置，矿块再划分为矿房与矿柱，矿块矿柱也称支撑矿柱。支撑矿柱横断面多为圆形或矩形，支撑矿柱规则排列并与矿房交替布置。为使上下阶段采场相互隔开，各阶段留有一条连续的条带状矿柱，称阶段矿柱。沿矿体走向每隔 4 ~ 6 个矿块再留一条沿倾向的条带状连续矿柱，称采区矿柱。上下以两阶段矿柱为界、左右以两采区矿柱为界的开采范围称采区。

（1）矿房长度取决于电耙的有效耙运距离，一般不超过 60m。无轨设备运搬不受此限。

（2）矿房宽度取决于矿体顶板的稳定程度与矿体的厚度，一般为 8 ~ 20m。

（3）矿柱尺寸及间距取决于矿柱强度及支撑载荷。采区矿柱与支撑矿柱的作用是不相同的。采区矿柱主要用于支撑整个采区范围顶板覆岩的载荷，保护采区巷道，隔离采区空场，宽度一般为 4 ~ 6m。支撑矿柱的主要作用是限制开采空间顶板的跨度，使之不超过许用跨度并支撑矿房顶板。目前，计算矿柱尺寸的方法尚不成熟，大多参考类似矿山的经验值，采用经验法来设计，再逐步通过生产实践，确定符合矿山实际条件的最优矿柱尺寸与间距。一般矿柱的直径或边长为 3 ~ 7m，间距为 5 ~ 8m。

为避免应力集中，提高矿柱的承载能力，矿柱与顶底板应采取圆弧过渡的方式相连。矿柱的中心线应与其受力方向一致或基本一致，当矿体倾角较大时尤其应注意到这一点。

（4）采区尺寸。采区的宽为矿块的长度，采区的长取决于采区的安全跨度及采区的生产能力。一个采区一般不少于 2 ~ 4 个回采矿房与 2 个以上正在采切的矿房。

（二）采准切割

在下盘脉外距矿体底板 5 ~ 8m 掘进阶段运输巷道，自每个矿房中心线位置开矿石溜井至矿体，在阶段矿柱中掘进电耙绞车硐室，沿矿房中心线并紧靠矿体底板掘进矿房上山，贯通联络平巷。矿房上山与联络平巷用于采场人行、通风及运搬材料设备，矿房上山还是回采时的一个自由面。

（三）回采

回采工作若矿体厚度不大于 2.5 ~ 3m，矿房采用单层回采，由矿房上山与切割平巷相交的部位用浅孔扩开，开始回采，工作面逆矿体倾斜推进。

矿体厚度大于 2.5 ~ 3m 应分层回来，分层高度为 2m 左右。若矿石比上盘岩石稳固或同等稳固，可采用先拉底，再挑顶采第二层、第三层，直至顶板的上向阶梯工作面回采。

可用气腿式凿岩机，平柱式凿岩机也可以用上向式凿岩机落矿。工作面推至预留矿柱处，多布眼少装药将矿柱掏出来，采下矿石暂留一部分在采场内，作为继续上采的工作台。紧靠上盘的一层矿石，宜用气腿式凿岩机打光面孔爆破落矿，以便保护顶板。

当矿体上盘岩石比矿石稳固时，有的矿山采用下向阶梯工作面回采。下向阶梯工作面回采就是通过切割天井先采紧靠顶板的最上一分层（也称切顶），待其推进至适当距离后，再依次回采下面分层。上分层间超前下分层一定距离，近矿体底板的一层最后开采。

有的矿山顶板不够稳固，采用下向阶梯工作面使顶板先暴露出来，以便对顶板实施杆柱支护（杆柱护顶）。

上向阶梯工作面回采由于效率高、清扫底板容易、在高悬顶板下作业的时间短等优点而被矿山广泛采用。

电耙运搬矿石，需经常改变电耙滑轮的位置。使用三卷筒电耙绞车，虽省去了多次改变电耙滑轮位置的麻烦，但电耙绞车旁边的矿石仍无法耙走。一些矿山使用移动电耙绞车接力耙运，可把整个矿房范围内的矿石耙完。第一台电耙安装于可在轨道上行走的小车中，耙下来的矿石，再由第二台电耙接力耙至相邻采场的溜井中。采场通风简单，新鲜风流由采区人行进风井进入，经切割平巷清洗工作面，污风通过矿房上山、联络平巷进入回风巷道排出。

采切巷道有脉外阶段平巷、放矿溜井、切割平巷、上山矿房、电耙绞车硐室及联络巷道。用上阶段脉外阶段平巷回风。

矿房采用单层回采。首先，沿矿房下部边界拉开高为矿体厚的切割槽，并以矿房上山为第二自由面，用浅孔逆矿体倾向回采。相邻矿房可同时回采，但需互相保持 15 ~ 25m 的距离。用杆柱维护稳固性较差的页岩顶板，杆柱长 2.3m，网度为 $1m \times 0.8m$，每套杆柱支护面积为 $0.77m^2$。为保证回采工作的安全，在较大断层及顶板不稳处留下矿柱支撑。

二、中深孔房柱法

中深孔房柱法有切顶与不切顶两种方案。切顶方案是先将未采矿石与顶板分开，其目的是防止中深孔落矿时破坏顶板稳固性，便于用杆柱预先支护顶板和为下向中深孔设备的作业开辟工作空间。

近年来，由于地压管理及运搬设备的重大突破，出现了多种开采方案。某铜矿开采厚度为 6 ~ 8m 近水平矿体的圆形矿柱房柱采矿法。

每个采区内有 6 ~ 7 个矿房。回采工作线总长约 150m，可分为 3 个 40 ~ 60m 的区段，分别在其内进行凿岩、装矿、锚顶作业。矿房跨度与矿柱尺寸取决于开采深度和矿岩坚固性。开采空间的地压主要靠采区矿柱支撑，采区矿柱宽度为 10 ~ 20m。房间支撑矿柱用于保证矿房跨度不超过其极限跨度。一般矿房跨度为 12 ~ 16m，圆形矿柱直径为 4 ~ 8m。

采准切割工程简单，沿矿体底板掘进运输巷道与采区巷道，在采区巷道内每隔 40m 掘进矿房联络道，最初的两侧联络道与切割巷道连通。从切割巷道拉开回采工作面。在采区中央掘进回风巷道，巷道的规格应根据自行设备的技术要求来确定，该矿巷道宽度取 4.7m。

回采方法如下：用履带式双机凿岩台车在直线型垂直工作面上钻凿炮孔，压气装药车装药，爆破下来的矿石用短臂电铲装入车厢容积 $11m^3$、载重 20t 的自卸汽车，运至井底车场或转载点装入矿车。使用工作高度为 7.5m 的顶板检查、撬毛、安装杆柱的轮胎式台车进行顶板管理，金属杆柱的网度按岩石稳固程度不同，由 1m × 1m ~ 2m × 2m，若有必要还可加喷厚度为 35 ~ 40mm 的砂浆加强支护。

开采其他厚度的矿体，除所用设备与采准布置不同外，回采方法基本相同。如果矿体厚度大于 10m，则应划分台阶进行开采，各台阶可单独布置采切工程，完全按上述方法进行生产，也可设台阶间的斜坡联络道、数个台阶共用一套采准系统。最上一个台阶高度较小时，可使用前装式装载机铲装矿石。

新鲜空气由运输巷道进入，经采区巷道清洗矿房工作面，污风由回风巷道排出。

开采倾角较大的矿体，由于无轨设备爬坡能力的限制，不能使用上述方法进行开采。此时，最为有效的方法是采用沿走向布置矿房的房柱采矿法。

回采工作面沿走向推进，沿矿体伪倾斜布置辅助斜坡道，采下的矿石用铲运机运至溜井排出。

矿房底部三角形矿石的开采。为便于开采溜井口上部的矿石及支护顶板，溜井宜一直掘进至矿体顶板下部。倾斜矿房中，开采参数如下：矿房宽度 8 ~ 12m，房间矿柱截面为 6m × 8m，倾斜联络道断面为 3m × 4m。倾角为 5° ~ 8° 。浅孔落矿，炮孔直径为 46 ~ 54mm，孔深为 2.4 ~ 2.6m。顶板采用网度为 lm × lm 的锚杆支护。

三、矿山实例

（一）锡矿山锑矿房柱法

1. 整层回采方案

锡矿山锑矿属低温热液矿床，呈似层状产出，矿岩接触不明显，不规则，多起伏，倾角为 5° ~ 35°，主体为 15° 左右。自上而下有三个含矿层，一号矿层顶板为不稳固的页岩，矿体为硅化灰岩，强度系数 f=12 ~ 16，坚硬稳固，矿体厚度为 1 ~ 5m，一般为 2 ~ 3m，底板为硅化灰岩或灰岩，稳固。采用锚杆房柱法开采。沿矿体走向划分盘区，盘区间留 4 ~ 6m 宽的盘区矿柱，盘区内分为 4 ~ 6 个矿块，矿块斜长 40 ~ 60m，矿房跨度 8m，矿柱（3m × 4m）~（4m × 5m），矿柱间距 5 ~ 6m，顶底柱宽 3m。在矿房中央掘进斜天井与上中段连通。

回采从下部切割巷道开始以一字形工作面逆倾斜向上推进，采用 YG–40 型凿岩机凿岩，铵油炸药爆破，30kW 电耙出矿。要求紧跟回采工作面安装锚杆，采用楔缝式锚杆，锚杆长为 2.0 ~ 2.3m，网度为 0.8 × 1.0m，用 01–45 型凿岩机安装锚杆。

主要技术经济指标：采切比为 30 ~ 40m/kt，采场生产能力为 50 ~ 60t/d，回采率为 70% ~ 75%，贫化率为 25% ~ 35%，锚杆消耗量为 1200 ~ 1500 根 / 万吨，锚杆安装效率为 15 ~ 20 根 /（台・班）。

2. 分层回采方案

锡矿山锑矿的二、三矿层厚 4 ~ 8m，采用锚杆护顶的分层回采方案。采矿方法的构成要素与整层回采方案基本一致，只是回采分为拉底和压顶两道工序。拉底以矿房下部的切割巷道和斜天井做自由面，逆倾斜推进，拉底层高度 2.5m 左右。整个采场拉底全部结束后，开始在留矿堆上用水平孔压顶，压顶分层高度一般为 2m，揭露顶板时用锚杆护顶。压顶回采全部结束后，大量出矿。出矿仍采用 30kW 电耙。此时的采场生产能力约 80t/d，回采率为 75% ~ 80%，贫化率为 5% ~ 10%，采切比为 5 ~ 15m/kt，万吨锚杆消耗量为 500 ~ 800 根。

（二）波尔科维茨－塞罗斯佐维斯铜矿薄矿体房柱法变形方案

莱格尼察－格洛古夫（Legnica–Glogow）盆地具有属于波兰 KGHM 公司的三个铜矿区：鲁宾（Lubin）、鲁德纳（Ludna）和波尔科维茨－塞罗斯佐维斯（Polkowice–Sieroszowice）。

波尔科维茨－塞罗斯佐维斯矿处于前苏台德单斜构造带，其基底由元古代晶质岩和石炭系沉积岩组成，二叠纪和三叠纪沉积岩覆盖其上，再上是第三纪和第四纪的覆盖层。二叠纪岩层以泥质—灰质胶结或局部石膏—硬石膏胶结的砂岩、砾岩和页岩为代表，总厚度达十多米。硫化铜矿即赋存在此砂岩中，矿体埋藏深度在 600 ~ 1200m。三叠纪由中、细粒砂岩、泥灰岩、泥质页岩和白云岩组成。前苏台德单斜构造是被主要为 NW–SE 向断层从前苏台德板块分割出来的，在井下可直接观察到许多变形和构造错动。60％的断层断距不超过 1m，35％的断层断距在 1 ~ 10m，最大的断距达 50 ~ 60m。断层的倾角为 30° ~ 90° ，多数为 71° ~ 75° ，即使在同一断层中，其倾角变化也很大。

在第三纪和第四纪覆盖层中有两个含水层：一是区域性的地下水库，距地表 200 ~ 300m；二是碳酸盐岩含水，特别是在断层错动带。

矿床中的主要矿物有辉铜矿、蓝辉铜矿、低辉铜矿、铜蓝、斑铜矿和黄铜矿。矿体形态不规整，倾角约 6° 。波尔科维茨－塞罗斯佐维斯矿矿体厚度不超过 3m，但品位很高，平均超过 6％，且矿石品位在垂直方向上变化也很大，最薄的含矿页岩平均品位超过 10％，灰岩矿石为 1％ ~ 3％。在采区遇到的沉积岩主要是灰岩、白云岩、砂岩和页岩。

这些岩石的层理、节理组和单层的厚度各处变化都很大，最危险的现象是岩石能够聚集很高的能量，成为导致岩爆的重要因素。此外，在强度很高的顶板中，某些部位存在薄而软弱的页岩夹层，显著降低了顶板的承载能力，因而必须普遍对其进行加固，并对锚杆精确设计，采用机械和树脂锚杆，长 1.6 ~ 2.6m，在巷道交叉点增加 5 ~ 7m 长的锚索。波尔科维茨－塞罗斯佐维斯矿第一次发生了岩爆。该矿开发了特殊的选别回采的房柱法。

在采区内先开凿 2 ~ 3 条采准巷道，矿房、矿柱和采准巷道的宽度均为 7m。回采分两步骤进行：首先回采靠近顶板的含矿层，将其运往主运输系统；第二步骤回采靠近底板的废石，将其运往其他矿房作为干式充填料，干式充填宽度为 14m，采矿作业线的最大长度为 49m。在采区内同时未被覆盖的矿柱排数不得超过 3 排。当回采到最后一排矿柱时，只采含矿层，直到该矿柱横断面积达到约 $21m^2$。采区废弃之前，矿柱的回采结束于顶板下沉依托在水平巷道的干式充填料上。

（三）南非瓦特瓦尔（Waterval）铂矿的房柱法

该矿属于南非盎格鲁铂集团新矿山之一，为极薄缓倾斜矿体，矿体平均厚度仅 0.6m，倾角为 9° ，计划年产矿石 320 万吨，因此生产必须保证安全、高产、高效。

由于作业空间非常矮，实现机械化的难度很大。阿特拉斯公司专门为其研制了低矮型无轨设备，包括 Rocket Boomer SIL 型凿岩台车、Boltec SL 型锚杆台车、ST 600 LPS 型铲运机。在 Rocket Boomer SIL 型凿岩台车装有 COP1838 型液压凿岩机；Boltec SL 是配备电动遥控系统的半机械民化锚杆台车，同时能安装锚索；ST600LPS 型铲运机高度约 1.5m，运载能力 6t，采用道依茨柴油发动机 136kW。每采区配备凿岩台车、锚杆台车各一台，LHD 两台。阿特拉斯对这些设备承担 24 小时服务和维修。

矿山分为 12 个采区，每个采区 9 个采场（或盘区），每个盘区宽 12m，高 1.8m，矿柱尺寸为 6m × 6m。每个采场一次循环的炮孔（68 ～ 74）× 3.4m，膨胀式锚杆长 1.6m，布置网度 1.5 × m（1.2 ～ 1.5）m。铲运机铲斗内的矿石由推刮板直接卸到给料机上，然后再转载到胶带输送机上运出地表。盘区月产量为 23000t。

（四）开阳磷矿房柱法

1. 概述

开阳磷矿位于贵州省开阳县金中镇境内，西南距省会贵阳市 88km。开阳磷矿区包括沙坝土、马路坪、牛赶冲、用沙坝、两岔河和极乐六个矿段。矿区内磷矿资源总量达 6 亿多吨，年底探明储量 4 亿多吨，保有储量 2 亿多吨，平均 P_2O_3 含量 33.8%，均属不选矿即可直接用于生产高浓度磷复肥的优质富矿，占全国富矿储量（P_2O_3 含量大于 30% ）的约三分之一，具有得天独厚的磷矿资源优势。矿区有准轨铁路支线与川黔线上的小寨坝车站接轨，支线全长 31. 4 km，有四条公路与外部连接，交通方便。

开阳磷矿大规模建设，建成沙坝土矿、马路坪矿、青菜冲矿、用沙坝矿、极乐南矿和北矿，总生产能力达 220 万 ~ 250 万 t/a，目前正在进行总规模 400 万 t/a 的延深改扩建工程建设。

开阳磷矿各矿采用斜井胶带提升、辅助斜坡道运输，中段运输采用坑内卡车运输，采场采用大型无轨自行和液压采掘设备作业，具有较先进的开采技术水平。

2. 地质条件

矿区内出露地层为震旦系下统南沱组至寒武系下统明心寺组。磷矿层赋存在震旦系陡山沱组（俗称下磷矿）和寒武系牛蹄塘组（俗称上磷矿），工业矿层为下磷矿，上磷矿在矿区无工业价值。

开阳磷矿矿体分布于洋水河背斜两翼，洋水背斜轴部的磷矿层均已被风化剥离，两翼的磷矿层均出露地表。在平面上呈似椭圆状，椭圆长轴方向为 NE230，长轴长 14km，平均宽度约 5km；从剖面图上看，矿体呈一环带状向四周深部倾伏。矿体倾角一般为 20° ~ 40°，矿体厚度一般为 3 ~ 8m。

矿层与顶底板岩层的岩性差异较大，矿层与顶底板岩层的界线清晰易辨。矿层顶板（真顶）一般为白云岩，矿层底板（真底）一般为石英砂岩（厚 1.35 ~ 17m），其下为紫红色砂页岩。矿层与真顶和真底之间均产出一层不稳固的岩层，分别称为假顶和假底。矿层的直接顶板有时为一层水云母黏土质页岩或含磷砾岩，这层岩石为矿层的假顶，它与上部的真顶（白云岩）结合不紧密，力学性质差，遇水易膨胀、松软，为一软弱层。马路坪矿和青菜冲矿的假顶厚度较大，为 0.1 ~ 5.87m，平均厚度为 2.06m，假顶的工程遇见率一般为 30%。其他矿假顶厚度一般为 0.5m 左右，工程遇见率一般在 10%以内。矿层的直接底板有时为一层砂质白云岩，有时为一层泥状海绿石层，有时为一层白云岩质角砾岩，这些岩石为矿层的假底。假底以砂质白云岩为主，主要分布在极乐矿、沙坝土矿和两岔河矿北部。砂质白云岩厚度一般为 0 ~ 2.61m，平均为 0.68m。其他矿段假底厚度极薄。

矿石为磷块岩，致密坚硬，菱形节理较发育，易掉块，凿岩爆破性较好，属中稳—不稳固岩石。

矿层顶板（真顶），一般为白云岩，矿区北部为硅质岩，属中稳—稳固岩石。

矿层假顶，易冒落坍塌，属不稳固—极不稳固岩石。

矿层底板（真底），一般为石英砂岩，属不稳—较稳固岩石。

矿层假底，胶结疏松，易风化变软，稳固性差。

矿层赋存在震旦系上统底部陡山沱组地层中，其下部南沱组粉砂质页（板）岩及清水江组粉砂质板岩为隔水层，其上覆灯影组白云岩为矿区唯一的含水层，灯影组白云岩之上寒武系金顶山组—牛蹄塘组砂质页岩也具有隔水作用，且在平面分布上组成东、西、南三面环形展布，从而隔断了其上部区域含水层与矿区的水力联系，形成一个独立的、封闭水文地质单元。矿区总体水文地质条件属简单—中等类型。矿区主要地表水体洋水河床为隔水砂岩，一般情况下对矿坑无补给作用。矿床属以溶洞和溶隙为主，矿层顶板直接进水的岩溶充水矿床。

3. 采矿方法的演变历史

开阳磷矿因矿层小构造发育、直接顶板不稳固、矿体倾角缓倾斜—倾斜、矿体厚度中厚等特性，采矿方法的选择是一个技术难题。矿山自开始生产以来，通过多次采矿方法试验，基本采用无底柱沿走向端部退采的分段空场采矿法。但该方法存在以下主要问题：一是由于没有有效控制顶板，不稳固的直接顶板经常冒落，严重威胁作业安全，事故率高；二是开采损失和贫化率大，多年平均损失率达 41.3%，平均贫化率达 15.8%；三是工人劳动强度大，生产效率低，工作条件差。

4. 锚杆护顶分段空场采矿方法

（1）矿块构成要素。

中段高度：40 ~ 60m。

分段高度：分段高度根据矿体倾角而定，保证分段斜长在 15 ~ 20m 范围内，以尽量减少底板残留矿石和满足深孔凿岩台车作业要求。倾角大于 30° 时，分段高度为 10m；倾角为 20° ~ 30° 时，分段高度降为 7 ~ 8m。

矿房尺寸：矿房宽 12.5m，房间矿柱 1.5m。每 3 个分段留 3m（斜长）分段矿柱，盘区连续矿柱 8m。

矿块尺寸：正常情况下矿块沿走向长 200m，包含 6 ~ 8 个分段，各分段沿走向每隔 14m 划分一个回采矿房，其中，靠近溜井的一个矿房宽 18m。

盘区斜坡道间距（盘区长度）：正常情况下 800m 作为盘区斜坡道间距，根据各中段矿体走向长度不同可适当调整。

（2）采准切割工作。

溜矿井：溜矿井设于底板围岩中，离矿体最小水平距离为 15 ～ 20m，倾角为 55° ～ 60°，直径为 2m，掘进断面为 3.14m²，不支护，采用天井钻机掘进。溜矿井下部设振动放矿机。

分段联络道：分段联络道系连接分段平巷与溜井或者盘区斜坡道之间的通道，按满足各种无轨设备的行驶要求考虑，掘进断面为 13.67m²，喷锚支护。

回风联络横巷：在两个盘区之间，掘一条连通中段运输大巷和采空区的平巷，掘进断面为 13.67m²，喷锚支护。此平巷主要供下中段盘区回采时回风用，同时可为本中段探矿所利用。

盘区斜坡道：在每个盘区中央脉外开掘一条，掘进断面为 14.47m²，喷锚支护，直线段坡度为 18%，弯道段坡度为 10%，转弯半径为 10m。

分段联络巷、回风联络巷及盘区斜坡道掘进主要依靠浅孔台车、铲运机、锚杆台车、混凝土喷射机组完成。

分段平巷：分段平巷布置在脉内，坡度 5‰，沿顶板掘进，留一层 0.5m 厚的护顶矿层，以利于支护直接顶板。根据矿体不同倾角、厚度，分段平巷掘进断面为 12.55 ～ 19.02m²，采用锚网支护。掘进作业设备为浅孔台车、铲运机和锚杆台车。

切割上山：分段平巷掘进后，沿走向每隔 14m 在矿房中央布置一条切割上山，切割上山沿顶板留 0.5m 厚护顶矿层，开掘在矿层顶部脉内，倾角与矿层一致。由于安装 3m 长的锚杆，需要 4m × 3m 的巷道空间，故掘进断面为 12m²，采用锚网支护。掘进作业设备主要为气腿式凿岩机、铲运机和气动锚杆机。

（3）回采作业。

回采作业步骤如下：

第一步：分段平巷刷帮取底，即沿走向方向将分段平巷向底帮方向拓宽至 8 ～ 9m，同时将分段平巷底部加深 1.5 ～ 2m，作业断面扩大为 20 ～ 21m²。

第二步：分段切割上山取底，即以平行于切割上山的深孔爆破把 4m 宽的切割上山加深至矿体底板，形成切割槽。

第三步：矿房回采，即把已开掘取底的切割上山两侧的矿柱用深孔爆破直至矿房边界，两矿房间留 1.5m 矿柱。

凿岩：凿岩设备为 SIMBA1354 深孔台车，最大凿岩深度为 30m，最大凿岩高度为 8.1m，工作宽度为 10.5m，采用接杆式凿岩方式，接杆钎杆直径为 32mm，有效长度为 1.83m，钎头为十字形钎头，直径为 51mm。

爆破：爆破材料采用粒状铵油炸药，用装药车装药。起爆材料为导爆索和非电毫秒延期雷管，采用复式起爆网络起爆。

矿石运搬：爆破崩下的矿石在顶板监测装置监测下使用 4.6m^3 电动铲运机运至溜井口并卸入溜矿井。当顶板监测装置发出声光警报信号立即停止出矿，并撤走人员和设备。

采场通风：采场通风是利用盘区斜坡道进新鲜风流，经分段平巷流向采掘工作面，在工作面布置局扇辅助通风，污浊空气经采空区或废弃溜井、回风联络道排入上中段运输平巷，再经回风井排出地表。

（4）顶板管理。

顶板管理包括采场支护、顶板监测和空区处理三大部分。

采场支护：在脉内采切巷道开掘时，预留 0.5m 左右的护顶矿层以封闭直接顶板，防止其与大气接触而风化冒落，在护顶层上安装树脂金属锚杆并挂上金属网，锚杆采用全长锚固，以加固顶板，控制巷道顶部平展跨距，使巷道两帮与顶部交接处呈拱形支撑，增加巷道围岩自身稳定性。

总之，通过分段平巷和切割上山顶板上安装的锚杆及留盘区矿柱、分段矿柱及临时矿柱以实现对矿房顶板的支护。

顶板监测：开掘分段平巷期间，在平巷和切割上山口各安装一组岩层形变传感装置，并按规定程序测取岩层形变数据。巷道掘进期间用于测定岩层变形情况，回采期间用于监测采场顶板，当顶板变形下沉达到一定形变值，下沉加速度超过一定值时，表明采场顶板即将崩落，监测装置则发出声光警报信号。另外，在开掘巷道期间，还在具有代表性的矿柱中央安装岩石压力计，以观测矿柱压力值。

空区处理：采空区顶板的处理借用开采过程中形成的采空区达到老顶自然崩落的暴露面积，使采空区顶板自然崩落。要求首先控制好整个中段的回采顺序，5 ~ 6 个分段形成 45° ~ 60° 回采线向后退采，在回采线外形成较大面积的采空区。其次，回采中不留大尺寸的永久矿柱，随着回采后退，依次爆破顶柱及间柱使采空区面积逐渐达到自然崩落面积。采空区允许暴露面积一般在 1000m^2 左右。

第三节　全面采矿法

全面采矿法与房柱采矿法极为相似，也是用来开采水平伪倾斜、缓倾斜矿体的空场采矿法。但全面采矿法所开采的矿体厚度不应大于 3 ~ 4m。全面采矿法的采区可不划分为矿块，回采工作面可以逆倾向、沿走向、逆伪倾向全面推进。因此，采场范围大，沿走向长度可达 50 ~ 100m。回采过程中留下来的矿柱（或岩柱），可以是不规则的，其数量、形状、间距、尺寸及位置比较灵活，可将贫矿、夹石、无矿带留下，或按顶板管理的要求留下不规则的孤立矿柱来支撑空区。

开采高价矿和富矿时，也可用木柱、木垛、石垛、混凝土垛、杆柱等人工材料来代替矿柱，提高矿石回采率。

常用的全面采矿法是浅孔落矿电耙运搬的全面采矿法。

一、工艺技术特点

矿块沿走向布置，其长度可以是 50m 或更大，矿块沿倾斜方向的长度一般为 40 ~ 60m，增加沿走向的长度可以减少矿块数，减少采切工程量，但阶段内同时工作的矿块数也将相应减少，会影响阶段生产能力，故采区长度还应当用阶段生产能力来校核。

年产量不大、走向长度小的矿体，阶段可不划分采区，整个阶段沿走向、逆倾向或伪倾向全面推进。

阶段矿柱宽度为 2 ~ 3m，采区矿柱宽度为 6 ~ 8m，矿石溜子间距为 5 ~ 7m。采区内的矿柱，根据夹石、贫矿的分布及顶板管理的需要来确定其数量、规格与位置。

（一）采切工程

采切工程先掘进的阶段平巷，一般布置于脉内，当矿体产状变大时，也可将它布置在下盘围岩中，这样虽增加了脉外工程量，但矿石溜子有一定的储矿能力，对缓和采场运搬与矿石运输、提高阶段生产能力有利。矿石溜子的间距为 5 ~ 7m。

切割平巷连通各矿石溜子的上口，作为回采工作的一个自由面。逆矿体倾向掘进的切割上山贯通回风平巷，并作为回采工作的起始线。在采区矿柱（也称矿壁）内每隔 10 ~ 15m 掘进人行道。回采过程中，在上部阶段矿柱内每隔一定距离掘进人行道，连通回风平巷，电耙硐室的位置与矿石溜子相对应，也可以用移动电耙接力耙运矿石。

（二）回采工作

回采工作由切割上山的一侧或两侧开始沿矿体走向全面推进，为使凿岩与采场运搬平行作业，工作面可布置成阶梯状，依次超前一定的距离，阶梯数常为 2 ~ 3。

使用气腿式凿岩机凿岩，视矿石坚固程度、矿体厚度及工作循环要求来确定凿岩爆破参数，但炮孔不可穿过顶底板，以保证安全及降低矿石贫化损失。若有可能，近顶板的炮孔使用光面爆破技术，以保持顶板的稳固性。

采场使用电耙运搬矿石。回采过程中，应视顶板的稳固程度及矿床有用组分的分布情况，将贫矿、夹石、无矿带留作不规则的矿（岩）柱，当然，必要时一般矿石也得留作矿柱。圆形矿柱的直径常为 3 ~ 5m，矩形矿柱的规格为 3m × 5m。为提高矿石回采率，也可以用木柱、丛柱、杆柱及垛积材料进行支撑。采场回采完毕，视安全情况，可部分回收矿柱。杆柱支护工作量小，成本低，效果好，且利于矿石运搬。杆柱长度一般为 1.8 ~ 2.5m，安装密度为 0.8m × 0.8m ~ 1.5m × 1.5m。

（三）发展趋势

全面法这一最古老的采矿方法一直沿用至今，其生命力就在于方法本身具有采准工程量小、回采工序简单、灵活性大的优势。对于中小型矿山，全面法仍然是一种重要的采矿方法，其发展的特点，在国内是立足于气腿式凿岩机和电耙，因地制宜地创造多种变形方案，在国外则是采用无轨设备提高采场生产能力和劳动生产率并扩大其应用范围。具体表现为：

（1）采用无轨设备，包括凿岩台车铲运机、锚杆台车等，由于这些措施，在国外单层开采的矿体厚度已提高到 7.5 ～ 9m，逐渐扩大了全面法的应用范围。

（2）采用锚杆、锚杆金属网、锚索、预注浆等支护技术加固顶板，保证作业安全。

（3）与留矿法相结合用于倾角较陡的矿体，形成留矿全面法。

（4）与崩落法相结合形成崩落全面法，用于顶板欠稳固的矿体。

（5）采用人工矿柱或嗣后回收矿柱。

国内矿山也应在采用无轨设备和支护顶板技术方面向前推进。

二、留矿全面法

留矿全面法是一种变形方案，适用于倾角大于 30° 小于 55° 的薄矿体，由于其适应性强，装备简单（气腿式凿岩机和电耙），在国内中小型矿山应用较为广泛，如新冶铜矿、彭县铜矿、通化铜矿、德保铜矿、文峪金矿、秦岭金矿、东闯金矿、哈图金矿、安底金矿、刘冲磷矿、香花岭锡矿、东坡多金属矿、铜锣井锰矿等。在上述矿山中，有些是已经关闭的矿山，曾经采用过这种采矿方法，有些矿山目前仍在采用此种方法生产。适应不同开采条件留矿全面法具有多种形式，如留规则矿柱的留矿全面法（四川彭县铜矿）、留不规则矿柱的留矿全面法（湖北新冶铜矿）、不留矿柱的留矿全面法（新疆哈图金矿）、分采留矿全面法（河南安底金矿），这些都是回采过程逆倾斜推进。此外，还有伪倾斜推进的斜工作面留矿全面法（贵州铜锣井锰矿）。

（一）彭县铜矿留矿全面法（留规则矿柱方案）

开采技术条件：矿体为含铜黄铁矿，稳固，平均厚度为 2.8m，倾角为 40° ～ 45° ，上下盘围岩均为片岩，中等稳固到不稳固。

采矿方法结构：矿块沿矿体走向布置，长 40 ～ 60m，阶段高度为 30m，顶柱为 3 ～ 5m，底柱为 3 ～ 5m，间柱为 6.5m，在采场内留间距为 12m 的规则矿柱 ϕ3.5m。

采准切割工程：在矿体下盘接触线处布置沿脉运输平巷，每隔 5m 设一小溜井与采场连通，在间柱中布置人行上山及通向采场的联络道。利用上阶段运输平巷回风。切割平巷布置在矿块下部运输平巷上方。

回采：从矿块下方切割平巷逆倾斜直线工作面推进，气腿式凿岩机浅孔落矿，炮孔呈梅花形布置，孔深 1.2 ~ 1.5m，排距 0.7m。出矿依靠电耙沿走向平场和漏斗放矿相结合，出矿步骤与留矿法基本相同，通过局部放矿在矿堆上保持足够的操作空间，全部采完后，电耙配合大量放矿。采场内基本不需要支护。

技术经济指标：矿块生产能力为 30 ~ 40t/d，损失率为 19.23%，贫化率为 7.29%。

（二）新冶铜矿留矿全面法（留不规则矿柱方案）

开采技术条件：矿体含铜黄铁矿，稳固，厚度可达 10m，倾角为 40° ~ 50。上下盘均为灰岩，中等稳固。

采矿方法结构：矿块沿走向布置，长 50m，矿块倾斜长度为 50m，顶柱为 0 ~ 25m，底柱为 5m，间柱为 6m。

采场内根据上盘岩石稳固情况和矿石品位留不规则矿柱。

采准切割布置：采用脉内运输平巷，大部分不支护。在矿块两侧间柱内布置人行上山，每隔 4 ~ 5m 以横川与采场连通。在矿块两侧各布置一个溜矿井，同时在对应溜矿井的矿体上盘设电耙硐室。以矿块底部的切割平巷为自由面，形成高 2m、宽度为矿体水平厚度、长度为矿房长度的拉底层。

回采：自下而上逆倾斜分层回采，分层高度与矿体倾角有关。多采用气腿式凿岩机下盘超前开帮，浅孔压顶落矿。每个采场用 4 台电耙，在拉底层电耙硐室安装两台，另两台随工作面上升，作平场用。矿石经接力耙运至溜井自重放矿。顶柱视回风平巷保存与否决定是否回收，如需回收，可并入矿房一起回采，也可利用运输平巷进行回采。底柱般并入下部顶柱综合考虑。间柱除每隔 200m 留一个支撑空区外，其余均利用人行上山进行回收。采场内的不规则矿柱不予回收。技术经济指标：损失率为 6% ~ 9%，贫化率为 19.28%。

（三）哈图金矿留矿全面法（不留矿柱方案）

开采技术条件：矿体为石英脉，较稳固，平均厚度为 1.28m，倾角为 40° ~ 55° 。上盘围岩为辉绿岩，中等稳固。

采矿方法结构：矿块沿走向布置，长为 20 ~ 30m，阶段高为 40 ~ 50m。顶底柱和间柱均为混凝土柱宽 6 ~ 8m，间柱中布置人行梯子，混凝土底柱中设两个钢溜井。

回采：逆倾斜回采，直线工作面，在留矿堆上用浅孔落矿。电耙在采场内沿走向平场，下部钢溜井重力放矿。放矿的步骤与其他方案相同。

技术经济指标：矿块生产能力为50t/d，损失率为15%，贫化率为35%。

三、台阶式全面法

台阶式全面法是国外的全面法方案。由于采用无轨设备，国外全面法的适用范围在矿体厚度上与国内完全不同，只是缓倾斜矿体和留不规则矿柱的条件是一样的。例如美国弗吉尼亚州奥斯汀维尔（Autinville）铅锌矿和密苏里州邦恩特尔（BonneTerre）矿的自上而下分层全面法，矿柱最大高度达90m。为了适应矿体倾斜超过20%无轨设备难以逆倾斜运行的条件，也产生了许多变形方案，其中台阶式全面法可用于倾角达30°的矿体。

台阶式全面法适用于厚度2～5m、倾角15°～30°的矿体，采用无轨设备，其通路亦即进路式采场沿走向水平布置，在阶段内自上而下回采。伪倾斜布置的斜坡道贯通整个采场。采场从运输巷道出岔开始推进，采场的回采类似巷道掘进，一直通向下一个平行的采场。下一道工序是开掘一个相似的进路式采场，或者是通过扩帮比相邻的前一采场下降一个台阶。然后重复这一程序，使回采工作一个台阶一个台阶地向下发展。

这种采矿方法机械化程度高，采场可以获得高效率。由于工作面多，可以有较高的生产能力。在合理设计的条件下，不会影响到地表沉陷，但是矿石回采率一般很难超过70%。

四、硬岩长壁式全面法

硬岩长壁式全面法是全面法的一个变形方案，矿石可100%采出，不留自然矿柱，而是用人工支护支承顶板（通常采用木垛中间充填废石），预计顶板会100%闭合。这种方法在南非的金矿得到广泛应用，那里由于开采深度大多处于高应力区，岩石坚硬具有岩爆倾向，致使留常规矿柱成为不可能。

这种方法适用于平缓的倾角不超过矿石自然安息角的矿体。采高不超过2.4m，以控制采场闭合而不使顶板崩落。凿岩通常采用气腿式凿岩机，炮孔深度1.2m，电雷管起爆。工作面出矿采用电耙，耙至下部转运巷道，然后再用一段电耙或耙入矿溜井或直接耙入有轨列车车厢。直接工作面的支护采用摩擦式或液压支柱以及木背板，防止飞石。工作面应当尽可能直，为减轻岩爆事故，最长的工作面可达 1200m。此种方法的效率低，劳动强度大，南非金矿井下工人的平均工效不超过 5t/ 工班。

这种方法很容易被矿体中的断层所破坏，但在多数情况下，顶板管理良好，矿石差不多可以 100% 回收。这种方法也可采用削壁回采，从而大大地改善经济效益。

第四节　矿房采矿法

矿房采矿法按出矿（运搬）方式分为分段矿房采矿法和阶段矿房采矿法。阶段矿房采矿法按落矿方式分为垂直孔分段落矿阶段矿房采矿法、水平深孔落矿阶段矿房采矿法、倾斜深孔落矿爆力运搬阶段矿房采矿法、垂直深孔落矿阶段矿房采矿法。阶段矿房采矿法是高效率的地下采矿法之一，通常用来开采大型矿床，主要用于开采急倾斜厚大矿体。

一、分段出矿矿房采矿法

分段出矿矿房采矿法（分段矿房法）是将阶段划分为若干分段，每个分段又划分为矿房与分段矿柱。分段是独立的回采单元，它们都有独立的落矿、出矿系统。矿房回采时，分段矿柱支撑空区，待矿房矿石采完出尽后，及时回采分段矿柱并处理空区。

分段矿房采矿法是这十多年来，由于自行运搬设备、振动放矿运搬设备的推广应用而出现的空场采矿法新方案。

分段运搬采矿法的落矿、运搬均在专门的巷道内进行，工人与其所使用的设备均不进入空场。

沿走向布置的分段矿房采矿法。开采的矿体厚度为 8 ~ 12m，倾角为 65° 左右。矿石和围岩均比较稳固。

（一）矿块参数

阶段高 40 ~ 60m，划分为三个分段，分段高 15 ~ 20m。沿走向又将分段划分为矿房与间柱，矿房长 35 ~ 40m，间柱宽 6m。分段之间留有斜顶柱（即分段矿柱），其真厚度为 5m。

矿房在垂直走向剖面上呈菱形，上、下两顶点的距离为 25 ~ 45m。

（二）采准切割

采切工程从下盘脉外阶段运输平巷中，每隔 100m 掘进矿石溜井通往各分段运输平巷。阶段运输水平用下盘斜坡道来联络各分段，以便无轨设备、车辆运送人员、设备与材料。从分段运输平巷中，每隔 13m 掘进装矿平巷，连通靠近下盘的堑沟拉底平巷。在分段运输平巷的上部掘进下盘矿柱回采平巷，并通过矿柱回采平巷掘进切割横巷及凿岩平巷、间柱凿岩巷道和顶柱凿岩硐室。在矿房的一侧，从堑沟拉底平巷到分段矿房的最高点掘进切割天井。

（三）回采工作

回采工作在切割横巷中布置炮孔，以切割天井为自由面，爆破形成切割槽。

在凿岩巷道中布置垂直扇形炮孔，同时从堑沟拉底巷道中凿上向扇形炮孔来进行矿房大量回采。崩下的矿石，自装矿平巷内用斗容为 $3.8m^3$ 的 ST-5A 型铲运机经分段运输平巷卸入溜矿井。

分段矿房回采结束后，立即回采一侧的间柱与上部的分段矿柱。在间柱凿岩巷道顶柱凿岩硐室内，分别布置回采间柱和顶柱的深孔。矿柱回采顺序是先爆破间柱，并将矿石全部放出，再爆顶柱。由于爆力的抛掷作用，顶柱的大部分矿石可由堑沟中放出。

矿柱回采后，上覆岩石下落填充空区。有的矿山还用深孔崩落上盘围岩，以消除应力集中。整个矿块的总回采率在 80%以上，贫化率不大。

沿走向每隔 200m 划为一个回采区段，每区段内有 2 ~ 3 个分段同时进行回采。每个分段中有一个矿房正在回采，一个回采矿柱，一个进行切割。矿房的日产量平均为 800t，区段的月产能力可达 4.5 万 ~ 6 万吨，较一般矿房采矿法高出若干倍。

（四）实际应用

某铜矿的矿床属中温热液泥质白云岩铜矿床，矿体走向长 1600 ~ 1800m，倾角为 50° ~ 70°，倾斜方向延伸已达 650m，矿体厚度为 2 ~ 18m，平均 8 ~ 12m，矿体产状较稳定、整齐，矿石中等稳固以上，f=8 ~ 10。上盘为矿化程度较高的白云岩，稳固，f=8 ~ 10；下盘为紫色板岩，中等稳固，f=7 ~ 9。

阶段高 72m，划分为两个高分段，每个分段有堑沟电耙道底部结构的独立出矿系统，并准备在部分位置安装振动放矿机试验连续出矿。

分段内无间柱，只留顶柱（顶底柱合一），形成在倾斜方向上的矿房与矿柱。矿房由矿体的一翼向另一翼回采，在分段凿岩巷道与堑沟拉底巷道内用 YGZ-90 型凿岩机打扇形落矿中深孔。孔径 65mm，最小抵抗线 1.5m，孔底距 1 ~ 1.2m，每次爆破 8 ~ 10 排。崩下矿石不放完，用以形成下次爆破的挤压条件及防止矿石飞散而造成损失。纯矿石在顶柱的保护下放出。可多分段同时回采，但需超前一定距离。

顶柱回采滞后矿房回采一段距离，当顶柱最大悬距达 120 ~ 160m 时，爆破由上分段电耙道向顶柱进行回采。顶柱崩距取 60 ~ 80m，不宜过小，以免崩下的矿石过多地落在前次崩顶落下的废石上面，造成损失。此外，为防止回采矿房时崩下的矿石与回采顶柱落下的废石相混，顶柱控距以取 60 ~ 80m 为宜。

顶柱回采后，上覆岩石落下填充空区。为消除上盘围岩可能落下造成冲击地压的安全隐患，每隔 100 ~ 200m 在电耙道标高的上盘探矿副穿中开凿岩硐室，用 YQ-100 型潜孔钻机打上向束状深孔崩落顶板。

二、分段上向孔落矿阶段矿房采矿法

分段落矿阶段矿房采矿法是将阶段划分为矿块，矿块再划分为矿房与周边矿柱，矿房用中孔或深孔在阶段全高上进行回采，采下矿石由矿块底部结构全部放出的空场采矿法。矿房回采过程中，空区靠矿岩自身稳固性及矿柱支撑，回采工作是在专用的巷道、硐室、天井内进行的。矿房回采完毕，再用其他方法回采矿柱。

由于凿岩设备及操作技术等条件的限制，难以穿凿深度等于矿房高度的深孔时，可将矿房划分为分段，用中深孔进行落矿。

分段落矿阶段矿房采矿法的特点是：在矿块划分为矿房与周边矿柱的基础上，将矿房在高度上进一步用分段巷道划分为几个分段，在分段巷道内用中深孔落矿，工作面竖向推进，采下矿石由矿块底部结构放出。

分段落矿阶段矿房采矿法的矿房布置方式有沿走向布置矿块，垂直走向布置矿块与倾斜、缓倾斜矿体中分段落矿阶段矿房采矿法三种形式。

（一）沿走向布置矿块分段落矿阶段矿房采矿法

1. 矿块构成要素

下面分述各构成要素的选择方法：

（1）阶段高度：阶段高度由矿房高度、顶柱厚度与底柱高度三部分组成，其值取决于围岩的允许暴露面积与暴露时间，一般为 50 ~ 70m，围岩稳固、采矿强度大取大值。

（2）矿房长度：根据围岩及顶柱的允许暴露面积确定。

（3）矿房宽度：等于矿体厚度。

（4）顶柱厚度：由矿岩的稳固性及矿体的厚度决定，一般为 6 ~ 10m。

（5）间柱宽度：取决于矿岩的稳固性、间柱的回采方法、矿块天井是否布置在间柱内等因素，一般为 8 ~ 10m。

（6）底柱高度：取决于所采用的二次破碎底部结构的形式，采用电耙巷道时为 7 ~ 11m，格筛巷道为 11 ~ 14m。平底或铲运机出矿底部结构可降为 4 ~ 6m。

（7）分段高度：即两相邻分段巷道之间的垂直距离，其值取决于所使用凿岩设备的能力，中孔设备凿岩为 8 ~ 12m，深孔可为 15 ~ 20m。

（8）漏斗间距：一般为 5 ~ 7m。

2. 采准切割

采准工程有阶段运输平巷、分段凿岩巷道、通风人行天井、溜井、电耙道、斗穿及漏斗颈。

切割工程有拉底巷道、切割横巷及切割天井等。

阶段运输平巷布置在脉内外均可。脉内常紧靠下盘布置，以便摸清矿体的下盘变化情况，减少脉外工程。布在脉外可增加矿房矿量，并可即时回采矿柱。具体采用何种形式，应结合矿山阶段平面开拓设计来综合考虑。

通风人行天井常布置在脉内，具体位置应结合矿柱回采方法来确定，它依次贯通电耙道、拉底巷道、分段凿岩巷道及上阶段运输巷道。

分段凿岩巷道应布置在靠近矿体下盘的位置，以便减小落矿炮孔的深度差，提高凿岩、爆破效率。

溜井的倾角应满足储矿与放矿的要求。此外，其储矿体积最好不小于一列矿车的装载体积，使耙矿与运输工作得以协调。

分段落矿阶段矿房采矿法的切割工作是扩切割立槽、拉底与打漏。

切割立槽位置是否合理，关系着矿房的落矿效果及技术经济指标。一般按下列原则确定切割立槽的位置。

当矿体厚度均匀，切割立槽可布置在矿房中央，从中央向两侧退采，回采工作面多，采矿强度高。若矿房长度大，切割立槽也可布置在靠近溜井的一侧，矿石借落矿时的爆力抛掷一段距离，减少电耙运搬距离，提高耙矿效率。

当矿体厚度变化较大时，切割立槽应布置在矿体的最厚部位。当矿体倾角发生变化时，切割立槽应布置在下盘最凹部位，以减少回采中的矿石损失。

扩切割立槽的方法很多，归纳起来可分为浅孔法与深孔法。

浅孔扩切割立槽的实质是把切割立槽当作一个急倾斜薄矿体，用浅孔留矿法回采，大量放矿后形成立槽，切割立槽的宽度为 2.5 ~ 3m。此法易于保证切割立槽的规格，但效率低、速度慢、工作条件差、劳动强度大。

深孔扩切割立槽又分为水平深孔扩槽法与垂直深孔扩槽法。

水平深孔扩立槽法的实质是把切割天井当作深孔凿岩天井，切割立槽当作矿房，拉底后分层爆破的凿岩天井用水平深孔落矿阶段矿房法回采形成切割立槽。此法可形成宽为 5 ~ 8m 的切割立槽，扩槽效率高，但工人需在凿岩天井的下段，靠近空场处装药爆破，工作安全条件差，并需多次修复工作台板，现使用不多。

垂直深孔扩立槽法是在垂直分段凿岩巷道并贯通切割天井的切割横巷内，打上向平行深孔，以切割天井为自由面，爆破形成切割立槽。以前扩槽炮孔多用逐排爆破或多次多排同次爆破，现广泛使用全部扩槽炮孔分段微差一次爆破。

拉底一般与扩漏同时进行。由于回采工作面是竖向推进，故拉底扩漏没有必要、也不应该一次完成，而是采取随回采工作面的推进超前 1 ~ 2 对漏斗的拉底扩漏方法。拉底扩漏的方法也是有浅孔法与深孔法两种。

（1）浅孔法：在超前回采工作面一排漏斗的范围内，由拉底巷道开始用浅孔扩帮至上下盘，随即进行扩漏。扩漏可以从拉底水平由上向下，也可以从漏斗颈内由下向上进行。

（2）深孔法：拉底巷道实际上又是第一分段凿岩巷道，只要把落矿炮孔中倾角最小的炮孔适当加密，爆破后即可形成拉底空间。扩漏法与浅孔法相同。

此外，一些矿山采取预先切顶措施，来消除最上一分段上向落矿炮孔爆破时对顶柱稳定性的影响。在矿体的中部顶柱下檐沿矿房的长轴方向开切顶巷道，在切顶巷道两帮布置切顶炮孔，回采工作面落矿前爆破切顶炮孔形成切顶空间。切顶只需超前回采工作面 1 ~ 2 排落矿炮孔即可。

3. 回采工作

大量回采是以切割立槽、拉底空间为自由面，通过爆破分段凿岩巷道中的上向炮孔来实现的。现在各矿山多是用扇形炮孔落矿，使用平柱式凿岩机凿岩，孔径 60 ~ 75mm，最小抵抗线 1.5m 左右，孔底距 1.5 ~ 2.0m，孔深不超过 20m，每次爆破一排或几排炮孔。

当补偿空间足够大时，应尽量采用多排孔微差爆破，以提高爆破质量。爆下的矿石一般不在空场中储存，及时经二次破碎底部结构放出。

通风工作比较简单，目前绝大多数矿山是把落矿炮孔全部凿完后再分次爆破落矿，因此不管是单侧还是双侧推进工作面的矿房都由上风向方向的通风人行天井进风，清洗工作面后由下风向方向的通风人行天井回风。在顶柱中央开凿回风天井会破坏顶柱稳固性。现一般不采用，双侧推进仍采用通风方式。

（二）垂直走向布置矿块分段落矿阶段矿房采矿法

当开采厚度大的矿体，为减少矿房采空区尺寸，可将矿块垂直矿体走向布置，矿房长即为矿体的水平厚度，宽为 15 ~ 20m，有时可达 25m。其矿块构成要素、采切工程、回采工艺，皆与沿走向布置矿房分段落矿矿房采矿法相似。

某矿垂直走向布置矿房分段落矿矿房采矿法。矿体赋存于透辉石岩层中，矿石围岩极稳固，f=14 ~ 16，云母矿带厚度达 45m，矿体倾角为 60°，阶段高为 31m，矿房宽为 12m，房间矿柱宽为 8m，顶柱高为 6m。采用装矿机出矿平底底部结构。

阶段运输平巷布置于脉内，在间柱底部布置运输横巷，矿房内布置两条分段横巷。采用 BA-100 型潜孔钻机在分段横巷内钻凿扇形深孔。切割槽布置在矿体下盘，回采工作面由下盘向上盘推进，采下矿石落入平底底部结构，在装矿短巷中用装矿机装矿，经运输横巷至运输平巷运走。

三、水平深孔落矿阶段矿房采矿法

水平深孔落矿阶段矿房采矿法根据凿岩工作地点不同有凿岩硐室落矿、天井落矿、凿岩横巷落矿三种方案。

天井落矿是将天井布置在矿房内，由天井向四周钻凿水平扇形深孔，然后由下而上逐层落矿。由于靠近上盘、下盘与间柱处爆破自由面不甚充分，而且孔底距大，炮孔末端直径又较小，致使该处装药量相对减小，不能充分爆落矿石而使矿房面积逐层减小。再者，每次爆破前必须由上向下修理上次爆破损坏的天井台板，费工费时费料不安全。此方案使用矿山不多。

凿岩横巷落矿方案由于采切工作量大，也使用不多。这里，着重介绍凿岩硐室落矿方案。

在凿岩天井内每隔一定高度布置凿岩硐室。凿岩天井的位置与数量对提高凿岩效率和矿石回收率、减少采切工程量有较大影响。确定天井位置和数量时，既要求炮孔的深度不应过大，又要求落矿范围符合设计要求，防止矿房面积逐渐缩小。采用中深孔凿岩机时，孔深一般不超过 10 ~ 15m，深孔凿岩则不超过 20 ~ 30m。一般凿岩天井多布置在矿房两对角或四角及间柱内。

（一）矿块构成要素

水平深孔落矿阶段矿房采矿法由于工人是在专用的巷道或硐室内作业，而且顶柱是在矿房最后一个分层落矿后才暴露出来，因此可以采用较大的矿房尺寸。

水平深孔落矿量大，大块产出率高，故常用二次破碎平底底部结构。

（二）采准切割

在间柱下部掘进运输横巷，将上、下盘的脉外运输平巷贯通，形成环形运输系统。在运输平巷的上部掘进两条电耙道，在电耙道中每隔 6 ~ 8m 掘进放矿口连通矿房底部的平底，形成二次破碎平底底部结构。凿岩天井在间柱中矿房对角线的两端，凿岩天井旁的凿岩硐室垂直距离为 6m，两天井的凿岩硐室交错布置。为保证凿岩硐室的稳固，上下相邻两凿岩硐室的投影不应重合。

第一排水平深孔的爆破补偿空间是平底底部结构的拉底空间。

电耙道的上部留有梯形保护檐。电耙道、放矿口的规格和位置应满足电耙耙矿的要求。两放矿口之间留有 5m × 2m 的矿柱，以增加保护檐的强度。

拉底工作分两步进行。先在一条电耙道的侧方开掘与其平行的凿岩巷道，垂直凿岩巷道在矿房中部开切割巷道，以切割巷道为自由面，爆破在凿岩巷道中布置的水平深孔形成第一步骤的拉底空间。于电耙道中每隔 8m 开放矿口，两条电耙道的放矿口交错布置，以利放矿。在电耙水平上部约 12m 处沿矿房长轴方向开掘第 2 条拉底凿岩横巷，自第一步骤拉底水平中心，向上开凿切割天井连通凿岩横巷，然后用下向深孔将其扩大成垂直凿岩横巷的切割自由面，并将矿石全部放出。最后，沿凿岩横巷分次逐排爆破下向扇形深孔，形成整个拉底空间。

（三）回采工作

使用 YQ-100 型凿岩机钻凿水平扇形深孔，最小抵抗线 3m 左右，孔底距 2.85 ~ 3.9m。为保护底柱及适应拉底补偿空间的需要，初次爆破 1 ~ 2 排为宜，以后可适当增加爆破排数。凿岩硐室的规格应满足操作钻机的需要，通常高为 2.2 ~ 2.4m，长度与宽度不小于 3m。

（1）下盘单一布置。天井布置于矿房下盘的中央，在每个硐室内打两排炮孔。这种布置，天井、硐室的掘进和维修工作量小，但不易控制上盘与间柱方向的矿房界线。

（2）上、下盘对角式。天井布置于间柱内，硐室对角布置。这种布置，容易控制矿房边界，天井今后可作回采矿柱之用，每个硐室仍需打两排炮孔。

（3）上、下盘对角与中央混合式。这种布置为上两种布置的混合使用，容易控制矿房边界，每个硐室只钻一排孔，落矿爆破对天井的破坏小，两侧天井仍可用于矿柱回采。此方案掘进工程量大。

（4）下盘对称式。这种布置对下盘边界控制较好，其他同第（2）项。

（5）下盘对称与中央混合式。这种布置对下盘控制最好，其他同第（3）项。

（6）上下盘对角交错式。这种布置一个硐室只钻一排孔，交错控制矿房边界，效果好，但炮孔长度大，易产生偏斜，矿房长度不大时常用这种布置。

矿山经验表明，靠近矿房上盘的矿石较易崩落，即使落矿时未能崩落，在放矿过程中往往也会与围岩一齐片落，故靠近上盘的矿石损失较小，而下盘未崩下的矿石则易形成永久损失。因此，选择炮孔布置方式时，应考虑有利于控制下盘边界，并且使与下盘相交的炮孔超出矿体边界 0.2 ~ 0.3m。

矿房落矿炮孔通常一次钻凿完毕，而后分次爆破。分次爆破的间隔时间不宜过长，以免炮孔变形。矿柱若用大爆破回采，则其落矿炮孔应与矿房回采炮孔同时凿完，矿房矿石放完后，间柱、顶柱与上阶段矿房底柱同期分段爆破。

四、其他形式阶段矿房采矿法

（一）缓倾斜矿体分段落矿阶段矿房采矿法

缓倾斜矿体使用分段落矿阶段矿房采矿法，只有在下盘布置脉外放矿底部结构才有可能。

牟定铜矿缓倾斜矿体分段落矿阶段矿房采矿法。矿房宽为 12m，每两个矿房为一个采场，跨度为 24m，采场之间留有 5m 的矿壁，采场斜长为 50 ~ 60m，使用 YGZ-90 型凿岩机上向扇形中孔落矿，孔深一般在 10m 以内，最小抵抗线 1 ~ 1.2m，孔底距 1.5 ~ 1.8m，多段微差非电起爆。

在切割平巷中凿上向平行中深孔以切割天井为自由面，爆破形成切割立槽。以切割立槽为自由面爆破分段凿岩巷道与上分段凿岩巷道中的扇形炮孔进行落矿，崩下的矿石通过布置在下盘脉外的漏斗进入电耙道，二次破碎后耙至矿石溜井，经脉外运输平巷运出。

（二）倾斜深孔落矿爆力运搬阶段矿房采矿法

开采倾斜矿体，矿石不能沿采场底板自溜运搬。此时，可凭借炸药爆破时的能量将矿石抛运一段距离，矿石便可借助动能与位能沿采场底板滑行、滚动进入重力放矿区。爆力运搬的采场结构，这种采场结构可避免人员进入空区作业及在底盘布置大量漏斗。

某铜矿倾斜深孔落矿爆力运搬阶段矿房采矿法。矿体赋存于片岩与厚层大理岩接触带之中，为细脉浸染型透镜状中厚矿体，矿体厚度为 10m，倾角为 45°。矿石为矿化大理岩，节理发育，断层较多，中等稳固，f=8 ~ 10。顶板为黑色片岩或钙质云母片岩，中等稳固，f=6 ~ 8。底板为厚层大理岩，中等稳固，f=8 ~ 10。

阶段高 50m，矿块沿走向布置，长 50m，间柱宽度 8 ~ 10m，矿块斜长

55 ~ 70m，顶柱厚度为 4 ~ 6m，漏斗电耙道底部结构，漏斗间距 5 ~ 6m。

在矿体下盘布置脉外运输平巷，间柱内布置矿块天井，溜矿井的上部开电耙道，在拉底水平布置切割平巷，矿房内布置两条凿岩上山。

补充切割为扩漏与拉底。先形成垂直矿体走向的小切割立槽，再爆破拉底巷道中的扇形中深孔形成拉底空间。斗颈内打的扩漏炮孔与拉底炮孔同期先爆。

扇形中深孔落矿，炮孔排面垂直矿体的倾斜面，孔径 68 ~ 72mm，最小抵抗线 2.2 ~ 2.6m，每次爆破 2 ~ 3 排孔，爆力运搬距离 24 ~ 60m，每米中深孔崩矿量 6.5 ~ 7t，抛掷爆破炸药量控制在 0.27 ~ 0.32kg/t。

影响爆力运搬效果的因素甚多，诸如矿体倾角、厚度、矿岩性质、爆破后矿石的块度形状、采场底板光滑程度、采场结构、炸药性能、炸药单耗及爆破技术等。国内外的各种理论计算都不可能包括所有的影响因素，因此爆力运搬计算只是一种近似计算，实际应用时，需经试验或根据矿山实际情况进行校核。

爆力运搬矿石时，矿石先依靠爆力抛掷在空中运行一段距离，这段距离称爆力斜面运距。落到采场底板后，矿石凭借惯性力与重力的作用沿采场底板滚动、滑行一段距离才静止下来，这段距离称重力斜面运距。爆力运搬的距离就是爆力斜面运距与重力斜面运距之和。

（三）垂直深孔药包落矿阶段矿房采矿法

垂直深孔药包落矿阶段矿房采矿法简称 VCR 采矿法，VCR 采矿法是下向深孔大孔径球状药包落矿，阶段矿房是用地下潜孔钻机，按最优的网孔参数，从采场顶部的切顶凿岩空间向下打垂直、倾斜的平行大直径深孔或扇形深孔，直通采场的拉底层。然后，用高密度、高威力、高爆速、低感度的炸药，以装药长度不大于药包直径 6 倍的所谓“球状药包”自下而上的顺序向下部拉底空间分层爆破落矿，然后用高效率的出矿设备，将爆下的矿石通过下部巷道全部运出。

1. 矿块构成要素

矿体厚度不大时，沿走向布置采场，其长度视围岩稳固程度与矿石允许暴露面积定，一般为 30 ~ 40m。矿体厚大则垂直走向布置，宽度一般为 8 ~ 14m。

阶段高度除考虑矿岩稳固程度外，还取决于下向深孔钻机的技术规格。太深的炮孔除凿岩效率低以外，炮孔还容易发生偏斜，一般以 40 ~ 80m 为宜。

间柱的宽度取决于矿石的稳固程度与间柱的回采方法，矿房回采并胶结充填后，可用与矿房相同的方法回采。沿走向布置矿块时，间柱宽度取 8 ~ 14m，垂直走向布置时可取 8m。

顶柱高度根据矿石稳固程度决定，一般为 6 ~ 8m。

底柱高度取决于出矿设备的技术规格，铲运机出矿可取 6 ~ 7.5m。为提高矿石回采率，有的矿山采用人工浇灌混凝土底柱而不留矿石底柱。为此先拉底和回采一、二分层的矿石全部出空，并对空间进行胶结充填达底柱高度，然后在充填体内爆破形成铲运机出矿平底结构，从而免除了架设模板之烦。也有的矿山只掘进装运巷道直通开采空间而不另做底部结构，待整个矿房矿石出完后，再用无线遥控铲运机进入采空区，铲出原拉底空间残留的矿石。

2. 采准切割

在顶柱下面开凿凿岩硐室，硐室的长应比矿房长 2m，硐室的宽应比矿房宽 1m，以便钻凿边界孔时安装钻机。凿岩硐室为拱形断面，墙高 4m，拱顶全高 4.5m。用管缝式全摩擦锚杆加金属网护顶，锚杆长 1.8 ~ 2m，梅花形布置，网度为 1.3m × 1.3m。

采用铲运机出矿，由下盘运输巷道掘进装运巷道通达矿房底部拉底层，与拉底巷道贯通。装运巷道间距 8m，巷道断面为 2.8m × 2.8m，转弯曲率半径为 6 ~ 8m。为使铲运机在直道中铲装，装运巷道长度不得小于 8m。

当采用垂直扇形深孔落矿时，在顶柱下掘进凿岩平巷，便可向下钻凿炮孔。切割工作只有一条拉底巷道。

VCR 采矿法的切割只有拉底一项，使用铲运机平底结构时，拉底高度一般为 6m。当留矿石底柱时，在拉底巷中央上掘高 6m，宽 2 ~ 2.5m 的上向扇形切割槽，再爆破拉底巷道中的上向扇形中深孔，形成平底堑沟式的拉底空间。

3. 回采工作

深孔凿岩。为控制炮孔的偏斜度与球状药包结构，国内外多用 165mm 的炮孔落矿。炮孔的排列有下向平行与下向扇形两种。下向平行炮孔能使两侧间柱面保持垂直平整，为间柱回采创造良好条件，而且炮孔利用率高，矿石破碎均匀，容易控制炮孔的偏斜。但硐室开挖量大，当矿石稳固性差时，硐室支护量大。采用扇形深孔，凿岩巷道的工程量显著减小，在回采间柱时可考虑采用。

下向平行深孔的孔网规格一般为 3m × 3m，各排炮孔交错排列或呈梅花形布置，周边孔适当加密，并距上下盘一定距离，以便控制贫化和保持间柱的几何尺寸。

凿岩使用的钻机有DQ-150J型潜孔钻机、KQG-160型履带式潜孔钻机、KY-170地下牙轮钻机等。

爆破。球状药包所用的炸药，必须是高密度、高爆速、高威力的炸药。采场可单分层落矿，也可以多分层落矿。装填药包之前，为了准确确定药包重心，必须测量炮孔深度并堵塞孔底。

第五节　矿柱回采

应用空场法采矿时，矿块划分为矿房和矿柱两步骤回采，矿房回采结束后，要及时回采矿柱。

矿柱回采方法主要取决于已采矿房的存在状态。当采完矿房后进行充填时，广泛采用分段崩落法或充填法回采矿柱。采完的矿房为敞空时，一般采用空场法或崩落法回采矿柱。空场法回采矿柱用于水平和缓倾斜薄到中厚矿体、规模不大的倾斜和急倾斜盲矿体。

用房柱法开采缓倾斜薄和中厚矿体时，应根据具体条件决定回采矿柱。对于连续性矿柱，可局部回采成间断矿柱；对于间断矿柱，可进行缩采成小断面矿柱或部分选择性回采成间距大的间断矿柱。采用后退式矿柱回采顺序，运完崩落矿石后，再行处理采空区。

规模不大的急倾斜盲矿体，用空场法回采矿柱后，崩落矿石基本可以全部回收。此时采空区的体积不大，而且又孤立存在，一般采用封闭法处理。

崩落法用于回采倾斜和急倾斜规模较大的连续矿体，在回采矿柱的同时崩落围岩（第一阶段）。用崩落法回采矿柱时，应力求空场法的矿房占较大的比重，而矿柱的尺寸应尽可能小。崩落矿柱的过程中，崩落的矿石和上覆岩石可能相混，特别是崩落矿石层高度较小且分散，大块较多，放矿的损失贫化较大。

用留矿法回采矿房后所留下矿柱的情况。为了保证矿柱回采工作安全，在矿房大放矿前，打好间柱和顶底柱中的炮孔。放出矿房中全部矿石后，再爆破矿柱。一般先爆间柱，再爆顶底柱。

矿房用分段凿岩的阶段矿房法回采时，底柱用束状中深孔，顶柱用水平深孔，间柱用垂直上向扇形中深孔落矿。同次分段爆破，先爆间柱，后爆顶底柱。爆破后在转放的崩落岩石下面放矿，矿石的损失率高达40%～60%。这是由于爆破质量差、大块多，部分崩落矿石留在底板上面放不出来，崩落矿石分布不均（间柱附近矿石层较高），放矿管理困难等原因造成的。

为降低矿柱的损失率，可采取以下措施：

（1）同次爆破相邻的几个矿柱时，先爆中间的间柱，再爆与废石接触的间柱和阶段间矿柱，以减少废石混入；

（2）及时回采矿柱，以防矿柱变形或破坏，或不能全部装药；

（3）增加矿房矿量，减少矿柱矿量。例如，矿体较大或开采深度增加，矿房矿量降至40%以下时，则应改为一个步骤回采的崩落采矿法。

第六节　薄和极薄矿脉留矿采矿法

一、适用条件

留矿法具有较严格的使用条件：

（1）矿体倾角大于55°的急倾斜矿体，大于60°更为有利。

（2）矿石和围岩在中等稳固以上，否则须在采场进行支护。

（3）矿石无氧化、结块和自燃性，否则一旦发生留矿结拱，会给作业安全带来严重问题。处理悬拱的方法，对上部采用30m遥控水炮比较有效，下部则可采用高压水管。

（4）留矿法采场不宜过大，否则回采周期太长，存在留矿被压实现象，会对矿石回采率产生不利影响。

在国内有色金属和黄金矿山，很多适合使用此种方法的矿床。留矿法也具有悠久的历史，各种方案较多，使用效果一般良好。在国外，留矿法不属于广泛使用的采矿方法，但对于薄和极薄矿脉，尤其像金矿和铀矿以及零星小矿体，仍在采用。对矿石品位高或矿石价值高、矿体厚度又较大的矿床，留矿法有被充填法取代的趋势。

留矿法的生产能力属于小到中等，采准工程量小，工艺简单容易掌握，劳动生产率不高，劳动强度较大，薄矿脉留矿法的回采率和贫化率指标可以达到较高水平，但极薄矿脉留矿法的贫化率都在50%以上，成为一大技术难点，国内某些有代表性的矿山的指标见表4–1所示。

表4-1 国内某些有代表性的矿山指标

矿山名称	主要技术条件	损失率/%	贫化率/%	采场生产能力/t·d - 1	劳动生产率/t·工班 - 1
大吉山钨矿	矿脉厚平均0.34m，爬罐浅孔留矿法	0.4	80.8	—	7.1
西华山钨矿	矿脉厚0.2 ~ 0.5m，不留间柱留矿法	6.2	80.2	50 ~ 60	11.8
盘古山钨矿	矿脉平均厚0.35m，不留间柱留矿法	2.6	72.4	42	8.2
石人嶂钨矿	矿脉平均厚0.77m，振动放矿机出矿	11.6	69	—	13.3
馆坑钨矿	矿脉厚0.15 ~ 0.9m，块石砌壁支护顶盘	14.2	71.8	—	4.74
湘东钨矿	矿脉平均厚0.55m，横撑支柱留矿法	6 ~ 7	56.2	50 ~ 70	5.3
银山铅锌矿	平底结构留矿法	12.6	12 ~ 14	55 ~ 57	10 ~ 12
小龙钨矿	矿脉平均厚0.2 ~ 0.3m，采幅宽1.4m分段留矿法	10	79	6	—

因此，目前对极薄矿脉留矿法的改进，主要有以下几个方面的发展趋势：

（1）对厚度小于0.8m的矿脉改用削壁充填法，降低贫化率；

（2）采用小型无轨设备及平底结构提高机械化程度；

（3）采场内对欠稳固围岩采用锚杆或锚网支护；

（4）采用斜长工作面方案；

（5）对低分段只采矿不采围岩的空场法方案进行试验。

二、薄矿脉留矿法主要方案及特点

薄矿脉指厚度为 1 ~ 5m 的矿体。采场沿走向布置，长为 40 ~ 60m，阶段高度一般也是 40 ~ 60m。方案的差别主要表现在矿柱的留法和因出矿方法不同导致的底部结构的差异。

（一）分类

（1）留顶柱、底柱和间柱的典型留矿法，顶柱厚度为 4 ~ 6m，间柱宽度为 6 ~ 8m，底柱厚度取决于是电耙耙矿还是普通漏斗放矿，前者为 12 ~ 14m，后者为 4 ~ 5m，漏斗间距为 4 ~ 6m。此外，还有采用 LHD 出矿的平底结构和采用振动放矿机放矿的底部结构等。

（2）不留间柱的留矿法。

（3）只留顶柱，不留间柱和底柱，平底装矿留矿法。

（二）采准切割工程

（1）阶段沿脉运输平巷，有脉内布置和脉外布置两种形式，也有脉内脉外布置两条运输巷道成环形运输的，主要取决于矿体厚度和矿山生产能力，脉内沿脉巷道也起到探矿的作用。上阶段沿脉巷道作为下阶段回采时的回风巷道。

（2）采准天井，一般布置在间柱中，断面为（1.5 ~ 2.0）m×（2.0 ~ 2.5）m，每隔 4 ~ 6m 开凿联络道（1.5m×2.0m）通往采场，采场两端的联络道错开布置。

（3）采用漏斗自重放矿时的漏斗颈和扩漏，漏斗颈间距 4 ~ 6m。采用电耙出矿时的漏斗和电耙道（2.0m×2.0m）、电耙绞车硐室（长 3 ~ 4m，宽 2 ~ 3m，高 2m）以及放矿小井。采用平底出矿时的出矿巷道（根据出矿设备确定）及小溜井。

（4）拉底平巷及扩漏，拉底高度一般不超过 2.5m，矿体厚时拉底巷道扩帮形成拉底层。

回采：自下而上分层回采，分层高度 2.0 ~ 2.5m。分层回采作业包括浅孔落矿、通风、局部出矿、平场及处理松石。回采工作面多采用梯段形。局部出矿一般放出每次崩矿量的30%左右，使回采工作面保持2.0 ~ 2.5m的作业空间。当回采至顶柱时，即进行大量放矿。

三、极薄矿脉留矿法主要方案及特点

极薄矿脉指厚度小于1m的矿体。开采极薄矿脉常遇到平行矿脉和在平面上交替出现的平行矿脉。

（一）开采原则

（1）两脉间距大于5m时则分采，当两脉间距小于3m时可考虑合采，但合采的品位必须满足矿山对出矿品位的要求，否则只能采主脉丢副脉。

（2）相邻3 ~ 5m的矿脉，其采场同时上采，上盘矿脉采场超前下盘采场，超前距离不大于5m。

（3）对走向方向出现分支复合的矿脉，在分支和交叉处留矿柱，并在该处设共用天井和漏斗，主、支脉采场同时上采。

（4）当垂直方向出现分支复合现象时，如两脉间距大于3m，可另设盲阶段按第二条原则处理。

如间距较小，可根据情况合采或在采矿工作面向平行矿脉开斜漏斗，然后进行切割并继续上采。

极薄矿脉留矿法采场也是沿走向布置，分为留矿柱和不留矿柱两类。留矿柱的方案一般只留顶、底柱，不留间柱；不留矿柱的方案又分为人工假底和平底结构方案。

（二）采准切割工程

（1）当采用漏斗重力放矿时，不论是留矿石底柱还是人工假底，运输平巷一般采用原有沿脉探矿巷道；当采用无轨设备和平底结构时，再在脉外掘进沿脉运输巷道，从运输巷道每隔7.5 ~ 15m掘进与运输巷道呈60°夹角的出矿巷道通向脉内平巷，脉内沿脉探矿平巷则作为切割平巷。

（2）采准天井一般利用原有脉内探矿天井，当采准天井处于采场一侧时，在另一侧可架设顺路天井，如采准天井处于采场中央，则可在采场两侧布置顺路天井。

（3）人工假底结构是从脉内沿脉平巷上挑 2.5m，出完矿石后砌筑混凝土假底。

回采工艺与薄矿脉留矿法基本相同。对于稳固性较差的围岩，为了安装 1.2m 长的锚杆，采幅须控制在 1.4m。

参考文献

[1] 肖蕾 . 绿色矿山智慧矿山研究 [M]. 北京：阳光出版社，2020.

[2] 郭凤仪，王智勇 . 矿山智能电器 [M]. 北京：煤炭工业出版社，2018.

[3] 崔建军 . 高瓦斯复杂地质条件煤矿智能化开采 [M]. 徐州：中国矿业大学出版社，2018.

[4] 宋子岭 . 露天开采工艺 [M].2 版 . 徐州：中国矿业大学出版社，2018.

[5] 宋子岭 . 露天煤矿生态环境恢复与开采一体化理论与技术 [M]. 北京：煤炭工业出版社，2019.

[6] 崔晓荣，喻鸿，郑炳旭 . 地下开采转露天复采关键技术与应用 [M]. 北京：冶金工业出版社，2019.

[7] 本钢集团有限公司 . 采矿与选矿 [M]. 北京：冶金工业出版社，2018.

[8] 陈国山 . 采矿概论 [M].3 版 . 北京：冶金工业出版社，2016.

[9] 陈国山 . 地下采矿技术 [M].3 版 . 北京：冶金工业出版社，2018.